U0142852

超圖解

人才戰略管理

堅強的人才資本，創造更高企業新價值

戴國良 博士 著

員工成長→組織部門強大→公司、集團發展

五南圖書出版公司 印行

作者序言

一、出書緣起

本書撰寫的緣起，主要有3點原因：

（一）市場上能夠有系統化整理人資管理及人才戰略的實戰專書很少。

（二）人才的重要性愈來愈大

人才會影響企業的成敗，所謂「得人才者，得天下也」。近十多年來，作者本人經常閱讀財經商業雜誌文章，內容裡面經常強調人才的重要性。

（三）我經常看到日本上市大公司的《統合報告書》

《統合報告書》相當國內上市公司的〈年報〉，都會有一段關於該公司人才資本戰略的作法及觀念，內容很精彩，更想要把它們重點摘要翻譯出來，提供給國內讀者參考借鏡。

綜合上述3點原因，作者在花費半年時間後，終於完成此書。

二、本書特色

本書具有以下五點特色：

（一）全台第一本

相信本書是全台第一本關於「人力資源管理」（Human Resource Management）與「人才戰略實戰經驗」的專書。

（二）搜集87家日本大公司人才戰略作法與觀念的珍貴資料

本書廣泛搜集日本87家上市大公司的人才戰略作法與觀念，這是很難得的珍貴資料，也是本書的一大特色，更是大家從沒看過的資料。

（三）人資長及人資人員必讀一本書

本書相信是所有人資長（Chief Human Resources Officer, CHRO）及人資人員必讀的一本專書，必可開拓你們的視野，並吸收本書中的各種新觀念與新作法，帶給人資管理水平的再提升。

（四）壯大公司人才資本，創造更高企業新價值

閱讀本書必可持續壯大貴公司的人才資本，並創造公司及集團更大、更高的企業新價值，得到人才潛能的最大發揮，創造人資部門最大成果與成績。

（五）圖解表達，易於吸收閱讀

　　本書全用圖解重點方式表達，儘量精簡不必要的冗長文字，以圖解方式，收到最快的閱讀了解與吸收重點之處，形成讀者們的新知識。

三、結語與感謝

　　本書能夠順利出版，非常感謝五南出版公司的協助，以及所有讀者朋友們、老師們、同學們的支持與鼓勵，才能使我在漫漫長路的寫作中，能夠秉持毅力、決心與意志力，而終於完成此書的撰寫工作。

　　衷心祝福所有讀者朋友們、老師們、同學們，未來都能走上一趟：成長、成功、美好、平安、健康、開心、驚喜與進步的最完美人生旅程，在每一分鐘的歲月中。

作者　戴國良

taikuo@mail.shu.edu.tw

目錄

第三篇　卓越成功企業領導人對「人才」的看法與觀點　239

第四篇　人才戰略管理全方位完整知識　263

第一篇
台積電公司的
人才戰略管理典範

台積電公司的人才戰略管理典範

一、台積電人才發展模型

台積電公司的人才發展模型（model），如下三角圖示：

圖1-1　台積電人才發展模型

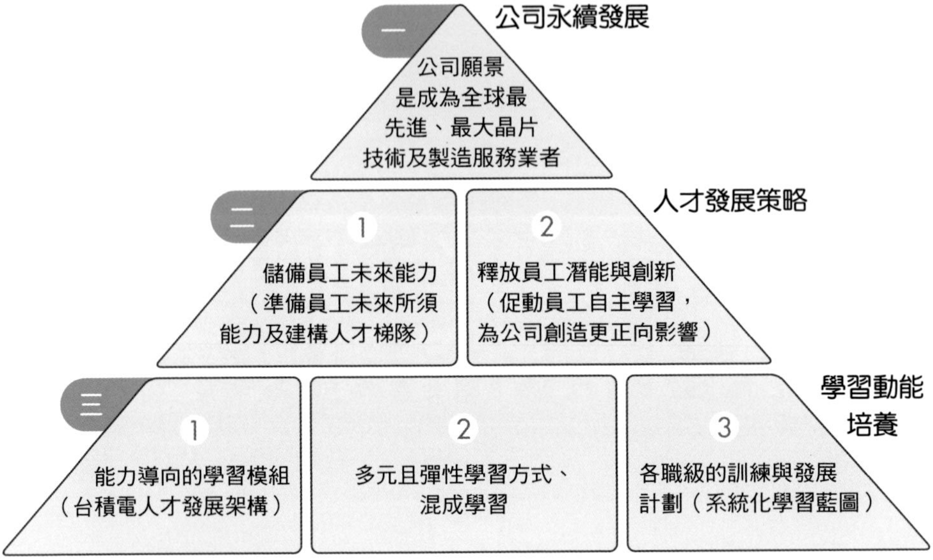

公司永續發展

一
公司願景
是成為全球最
先進、最大晶片
技術及製造服務業者

人才發展策略

二

1
儲備員工未來能力
（準備員工未來所須
能力及建構人才梯隊）

2
釋放員工潛能與創新
（促動員工自主學習，
為公司創造更正向影響）

學習動能
培養

三

1
能力導向的學習模組
（台積電人才發展架構）

2
多元且彈性學習方式、
混成學習

3
各職級的訓練與發展
計劃（系統化學習藍圖）

二、台積電培訓數據

如下圖示：

圖1-2　台積電培訓數據

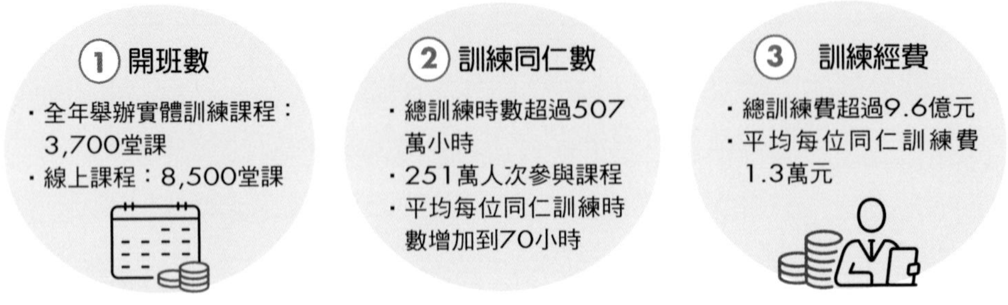

1 開班數
- 全年舉辦實體訓練課程：3,700堂課
- 線上課程：8,500堂課

2 訓練同仁數
- 總訓練時數超過507萬小時
- 251萬人次參與課程
- 平均每位同仁訓練時數增加到70小時

3 訓練經費
- 總訓練費超過9.6億元
- 平均每位同仁訓練費1.3萬元

三、台積電建立有競爭力的整體薪酬

如下圖示：

第一篇

圖1-3 建立有競爭力的整體薪酬

① 參考外界薪資水平

· 會參考產業整體及標竿企業薪資，並且收集其他高科技的市場薪資，以進行薪酬競爭力分析及訂定薪酬策略

② 薪酬4種類

· 薪酬包括4種
(1) 月薪
(2) 年終獎金
(3) 每季獎金
(4) 年度分紅獎金
· 上述以年度分紅獎金居最多；旨在回饋同仁並獎勵同仁努力與貢獻，藉此激勵未來持續努力

③ 季獎金及年度分紅獎金處理方式

· 每季獎金及年度分紅獎金的金額與分配比例，由公司的薪酬委員會提案，向董事會報告及通過後，即可發放

④ 獎金分發，視貢獻及績效而定

· 季獎金及分紅獎金多寡，視每個部門及每位同仁的貢獻及績效表現而定

四、台積電多元化員工獎勵的7種獎項

除季獎金及年分紅獎金外，公司為表彰優秀團隊及個人，肯定他們在不同領域卓越貢獻，鼓勵員工持續追求成長、精益求精，並提升整體個人及公司競爭力。台積電公司提供如下獎項：

圖1-4　台積電多元化鼓勵員工的 7 種獎項

① 台積科技院
評選

為表彰個人專業技術對
公司有非凡重大貢獻之
傑出科學家及工程師

② 台積電
模範勞工

為表彰個人工作表現對
公司有傑出貢獻之技術
人員

③ 廠區及優良精進
案例選拔

為鼓勵同仁持續為公司
創造價值

④ 年資服務獎勵及
退休致謝

為感謝資深員工對公司
長期的貢獻及努力

⑤ 師鐸獎

為表揚傑出的公司
內部講師

⑥ 各單位自行舉辦的
各項鼓勵創新獎項

(1) 提案英雄榜獎
(2) ESG獎
(3) 創意論壇獎

⑦ 參加公司外部的園區
及全國性獎項

(1) 模範勞工獎
(2) 優秀青年工程師獎
(3) 傑出工程師獎
(4) 持續改良競賽獎
(5) 產業創新獎

五、台積電員工參與

如下圖示：

圖1-5　台積電員工參與

① 推動員工
溝通管道

② 落實員工
照顧方案

③ 強化員工各項
福利措施

④ 充實各項
員工獎勵

推動員工溝通管道

公司於竹科、中科、南科三地舉辦「總裁溝通會」，員工可向總裁當面提出對公司的各項建議與想法，並可獲總裁現場表示或攜回研究後回覆

六、建立多元化員工溝通管道，促進員工對公司認同度及歸屬感的11種作法

台積電公司有如下圖示的9種多元化與員工溝通管道方式：

圖1-6　台積電公司的多元化員工溝通管道

1 總裁溝通會

針對各階層主管及同仁溝通會。例如：「董事長、總裁與員工溝通會」

2 每季「晶園會議」

每季舉行「晶園會議」（以「晶圓」為諧音設立由組織為單位的勞資會議），向員工說明企業營運概況，以及討論員工關切議題

3 全球員工意見調查

每2年舉行「全球員工意見調查」，系統性了解同仁的工作感受，促進對公司歸屬感

4 組織氣候調查與員工滿意度調查

依需求不定期與組織同仁進行「組織氣候調查」及「員工服務滿意度調查」

圖1-6　台積電公司的多元化員工溝通管道（續）

5 員工網站發布訊息

公司會在「員工網站」發布董事長總裁、創辦人談話、公司重要訊息、高階主管專訪、近期活動宣傳等消息

6 《e 晶圓報導》

員工內部電子刊物報導公司重要活動，刊載重要文章，介紹表現傑出團隊與個人

7 建立吹哨者制度

建立吹哨者舉報制度，由審計委員會統籌辦理

8 建立員工申訴通報系統

由管理部門、人資部門會同處理程序

9 建立員工意見箱

在各公司、各廠區建立實體員工意見箱，依程序處理

10 建立馬上辦中心

建立「馬上辦中心」，依程序處理

11 性騷擾申訴處理委員會

公司組成此委員會，重視男／女性平權權力，保護女性

七、台積電的人才留任措施

　　如下圖示：

圖 1-7　人才留任措施

①　核心價值觀意見調查

- 台積電每2年做「核心價值觀意見調查」，從公司、各工廠、北美子公司、歐洲子公司、日本子公司，填答人數達6.2萬人，填答率91%
- 有高達90%員工願意在未來五年內，在公司內繼續發揮所長，與公司一起成長

②　離職率 6.7%

台積電全公司7萬多人，每年離職率為6.7%，均在5%～10%合理健康離職範圍內

③　穩住季獎金、年分紅獎金

台積電每年固定發放季獎金及年分紅獎金，其金額數，領先國內其他高科技公司，是留住人才的很大誘因

八、台積電的退休制度

如下圖示：

圖 1-8　退休制度

1　依勞基法規定

台積電的員工退休制度，全依政府的《勞動基準法》法規（簡稱「勞基法」），依法處理。

2　成立監督委員會

台積電設立「勞工退休準備金監督委員會」，依據《勞工退休金條例》，訂定確定提撥退休金計劃，自民國94年起施行

3　海外據點退休

海外子公司人員，依當地國之「勞基法」規定執行

4　安定員工的心

台積電已確保穩固的退休金提撥及給付，給予員工安定的心，才能夠長遠在公司服務

第二篇
「人才戰略管理」
實戰經驗案例

引言

　　87家日本卓越上市大公司「人才戰略管理」實戰經驗案例重點提示

・本章資料內容取材自日本87個案例，為多家上市卓越大公司的每年公開發布的
《統合報告書》（相當於台灣上市櫃公司，每年的〈年報〉報告書）；其中，
有一段內容，他們稱為「公司人才戰略篇」及「公司人資長（Chief Human
Resources Officer, CHRO）訪談篇」，作者本人將這二篇的日文原稿，加以
重點摘要翻譯，並改為圖表呈現。

・看完了這87家日本上市優良大公司的人資戰略、人資管理及人資長思維，等
同吸收了日本知名優良大公司的人資作法、重點及人才戰略管理；對我們身處
在台灣較小市場規模的公司們、老闆們、董事長們、總經理們、人資長們，應
有一些跨國借鏡學習、視野成長，以及跟上全球人資趨勢的成長進步型學習成
果。

個案 1　三井物產公司（日本第 3 大商社）

一、三井物產公司

　　為日本最大的五大商社之一，全球總員工人數4.4萬人，在63國家設立129個據點，年獲利9,100億日圓，股東權益報酬率（ROE）達18%，關係企業達509家（日本國內126家，全球383家）。

二、人資部門

圖2-1(1)　人資部門最大 2 個使命

人資部門
最大使命

做好　支援全球化市場發展與成長

做好　支援日本國內集團化事業發展與成長

三、三井物產公司的人才戰略

圖2-1(2)　人才戰略概要圖示

（一）三井物產集團人才戰略圖示

願景實現

做好 360 度事業創新者

・每個員工，都能具有「挑戰與創造」的能力
・保持三井物產集團不斷成長

（二）
・打造多樣化的每一個員工，都能成為強大的「個人」
・每個員工都能具備創新與變革能力，並創造出每個人的「價值」出來
・每個員工都能有：「自立的professional專業性」

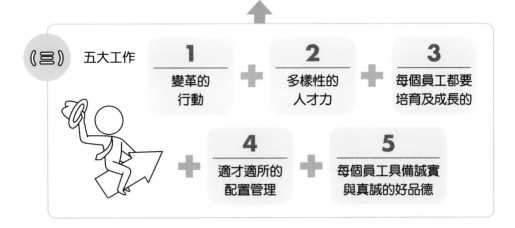

（三）五大工作

| 1 變革的行動 | + | 2 多樣性的人才力 | + | 3 每個員工都要培育及成長的 |

| 4 適才適所的配置管理 | + | 5 每個員工具備誠實與真誠的好品德 |

四、面對全球化事業及集團化事業擴張，對下列兩類人才最需求

圖2-1(3) 人才需求

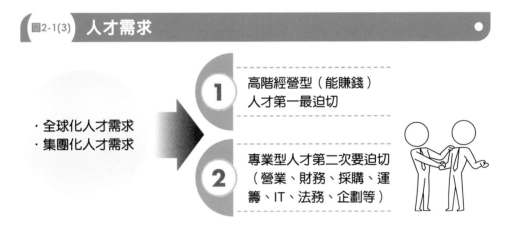

· 全球化人才需求
· 集團化人才需求

1 高階經營型（能賺錢）人才第一最迫切

2 專業型人才第二次要迫切（營業、財務、採購、運籌、IT、法務、企劃等）

五、三井物產集團的人才pool（人才庫）

要提前做準備及擴大人數，以因應未來的經營成長戰略：

圖2-1(4) 人才準備

 人才 pool（人才庫）擴大及做好準備 以因應未來十年的集團成長需求

六、海外據點的管理職

　　約有25%採用當地人，未來仍擴大朝在地化人才提拔努力，提高在地優良人才占比。

七、三井物產集團的經營DNA

圖2-1(5) **創新者的 DNA**

三井 DNA：挑戰＋創造

360度全方位事業的創造者（business innovator）

八、在日本，有「人才的三井」稱號，意謂三井優秀人才濟濟

圖2-1(6) **人才準備**

「人才的三井」
稱譽

三井優秀人才濟濟

九、三井物產集團，認為

圖2-1(7) **人才成長是集團成長的動力**

人才成長

是集團成長最大動力

十、三井物產集團在海外

　　目前各種海外派遣專案計劃人數，累計達3,600人，分布在全球63個國家。

十一、三井物產員工參與度滿意感調查為：**70％**

十二、三井物產女性管理職比例，在日本總公司為**8％**，海外現地子公司
　　　為**35％**

十三、集團在**2005年**時，早已導入「**360度員工評價**」制度

　　即由：自己＋長官＋同事，一共3個面向來考核員工。

個案 2　伊藤園飲料公司
（日本最大茶飲料公司）

一、做人資的兩大重點

圖2-2(1)

多樣化人才採用　＋　全員活躍推進

二、全員必須抱持：「顧客第一主義」

三、人才活用在公司價值鏈營運價值產生上

圖2-2(2)

1 研發、技術、商品開發

2 設計

3 原物料採購

4 製造、品管

5 物流

6 ・銷售 ・行銷

人才

四、要訂定「**CDP計劃**」，即Career Development Program（員工生涯發展計劃）

五、人才戰略

必須與公司的經營計劃、經營戰略，做好緊密連動，才算有人資成效。

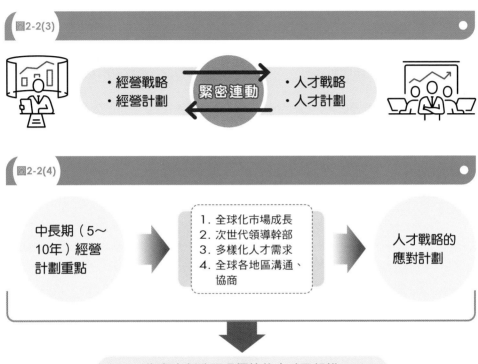

圖2-2(3)

- 經營戰略
- 經營計劃

緊密連動

- 人才戰略
- 人才計劃

圖2-2(4)

中長期（5～10年）經營計劃重點

1. 全球化市場成長
2. 次世代領導幹部
3. 多樣化人才需求
4. 全球各地區溝通、協商

人才戰略的應對計劃

為顧客創造更多價值的人才及組織

六、人才管理的主要工作，如下圖示

圖2-2(5) **主要工作**

1. 日本國內及全球各地、各據點的組織配置正確化
2. 多樣化人才、多樣化價值觀確保
3. 全球化人才的育成
4. 員工實力主義的貫徹
5. 員工自律成長
6. 員工工作方法改革及員工生產力提升
7. 員工健康及安全推進
8. 薪獎、福利的公平化及增進化

提升及強化全員對工作的投入

持續提升企業整體價值

七、成立兩種訓練單位

圖2-2(6)

八、人事制度總原則

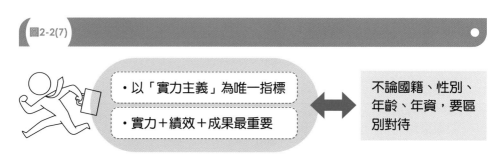

圖2-2(7)

九、人資要建立一套公平、公正的考核制度（考績制度）

十、鼓勵全體「員工提案」

　　對新商品、新改善、銷售促銷、行銷宣傳、品牌打造等，均可鼓勵「提案」，此即：聽取員工「Voice聲音」制度

圖2-2(8)

十一、 建立公司內部e-learning（線上自我學習、充實、找資料）制度

十二、 要對每位員工的人權加以重視

知識補充站 **相關書籍分享**

書號：1FAP
書名：關鍵人才導引手冊：企業優質人才培
　　　育最佳教材
作者：晉麗明
定價：460元

學生×老師×上班族×企業主管×人資人員
人力銀行專家解說「新世代關鍵人才」職場全攻略
※一本給職場新鮮人、年輕上班族縱橫職場、規劃職涯、創造
　價值的導引手冊
※成為高含金量的關鍵人才，讓你無可取代，公司不能沒有你
※成為關鍵人才是新時代的趨勢

個案 3　伊藤忠商社
（日本第 1 大商社）

一、人才戰略整體架構圖示

圖2-3(1)

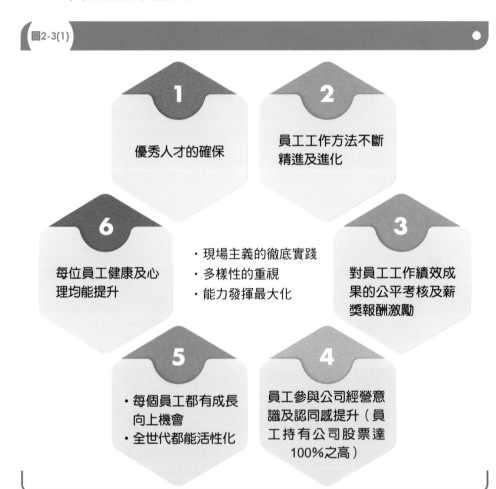

1 優秀人才的確保

2 員工工作方法不斷精進及進化

6 每位員工健康及心理均能提升

・現場主義的徹底實踐
・多樣性的重視
・能力發揮最大化

3 對員工工作績效成果的公平考核及薪獎報酬激勵

5
・每個員工都有成長向上機會
・全世代都能活性化

4 員工參與公司經營意識及認同感提升（員工持有公司股票達100%之高）

・使全員工作動機及想貢獻的意願，大幅提升
・幫助公司營收獲利目標達成及持續成長下去

二、伊藤忠商社每位員工創造獲利

超過2億日圓（折合4,500萬台幣），位居全日本前五大商社的第1名成果。

三、集團保持持續成長的最根本原動力

即：每個員工的能力，亦即「個力」強不強。

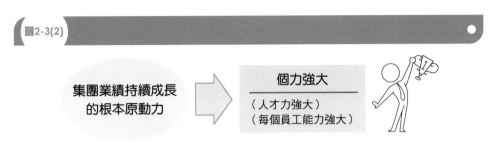

圖2-3(2)

集團業績持續成長
的根本原動力 ⇒ 個力強大
（人才力強大）
（每個員工能力強大）

四、伊藤忠商社集團在提升每位員工生產力方面，十年來提升5倍之大

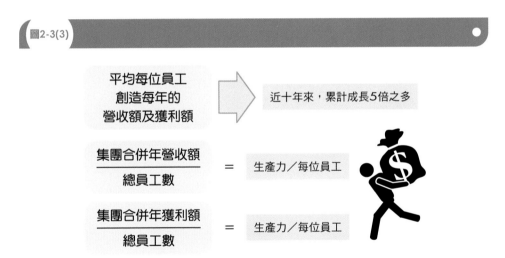

圖2-3(3)

平均每位員工
創造每年的
營收額及獲利額 ⇒ 近十年來，累計成長5倍之多

$$\frac{集團合併年營收額}{總員工數} = 生產力／每位員工$$

$$\frac{集團合併年獲利額}{總員工數} = 生產力／每位員工$$

五、要用最少員工數，創造最大勞動生產力

六、全日本就業人氣（最受歡迎）

第1名公司就是：伊藤忠商社；超過TOYOTA、SONY、Panasonic知名大企業。

七、伊藤忠商社的事業版圖，含括8大領域

纖維、食品、金屬、能源、化學品、機械、金融／資訊、零售、居住生活等。

八、伊藤忠商社股價達5,400日圓，居日本前3大股價，公司總市值達8兆日圓

九、提升員工生產力的4個重點

圖2-3(4)

1	朝型勤務 早上8點提前到，晚上8點後不可加班	2	注重健康經營 員工身心皆健康，工作績效良好，員工要定期健檢
3	人才多樣化推進計劃	4	對女性員工活躍的支援

個案4　日清食品控股公司
（日本第1大泡麵公司）

一、日清集團支撐公司成長戰略的人才與組織變革5大重點

圖2-4(1)

1
總目標
食文化的
創造集團

2
創造力的誘發
創造力思考的
習慣化、刺激化及
rule規律化

支撐公司
成長戰略的人才
與組織變革
5大重點

3
人才增值
從人才選出、
人才培訓、人才活用，
都要增強人才
增值效果

4
人才多樣化
強化人才多樣化、
多元化，引進不同
創造力思維

5
生產力提升
每個員工加強自律性，
以及讓每個員工生產力
顯著上升

二、成立「日清研修學院」（Nissin Academy）

即：企業內大學，並選拔中高階經營型未來人才及有潛力年輕人才，進行有計劃的持續培訓。

個案4

日清食品控股公司

圖2-4(2)

「日清研修學院」
（Nissin Academy）

中高階經營型人才及有
潛力年輕人才培訓課程

三、研修對象區分兩類

圖2-4(3)

1 管理職層　經營者養成計劃

2 非管理職層
(1) 銷售專業人才養成計劃
(2) 行銷人才養成計劃
(3) SCM供應鏈人才養成計劃
(4) 生產製造人才養成計劃
(5) 其他幕僚功能人才養成計劃

四、員工學習區分兩大類

圖2-4(4)

1
OJT學習
・工作中學習
・On the job training

2
OFF-JT學習
・非工作中學習
・Off the job training

五、日清公司2023年度

圖2-4(5)

行銷部
（或行銷企劃部、
品牌部）

平均每員工
研修時間：
16 小時

平均每員工花費：
5.3 萬日圓

六、日清強調多樣化人才活用

圖2-4(6)

集團人才
多樣化

全球據點人才
多樣化

多角化事業體
人才多樣化

七、對女性管理職活躍推進占比

圖2-4(7)

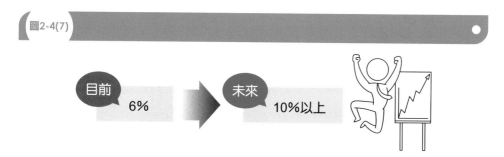

目前　6%　→　未來　10%以上

八、強調對員工健康及工作上安全增進

九、加速對全球據點「經營型人才」的方面

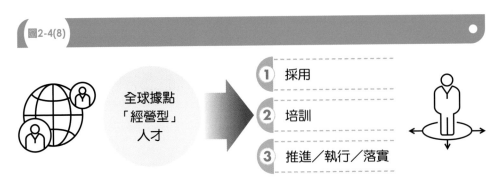

圖2-4(8)

十、必須將日清集團企業理念，深入每位員工的內心，形成「日清企業文化」

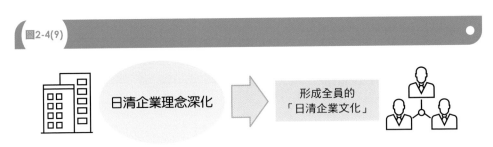

圖2-4(9)

十一、做人資，要做好對員工同仁的溝通及傳達工作

人資要讓全員知道：「每天為何而戰。」

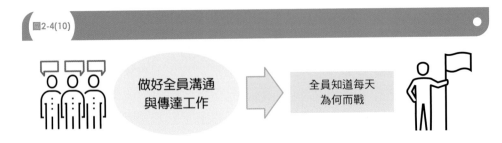

圖2-4(10)

十二、追求實現員工「生產力200％」

提升（upgrade）計劃推動；落實企業信念：「成長一路，沒有頂點。」

圖2-4(11)

全力推動員工
「生產力200％」
計劃實現

成長一路，
沒有頂點！

個案 5　麒麟食品／飲料控股總公司（日本第 2 大啤酒公司）

一、人才戰略精神

圖2-5(1)

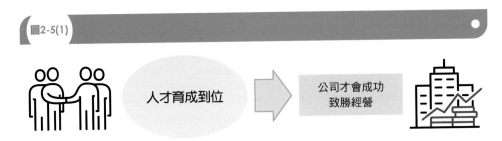

人才育成到位 ➡ 公司才會成功致勝經營

二、人才的概念

圖2-5(2)

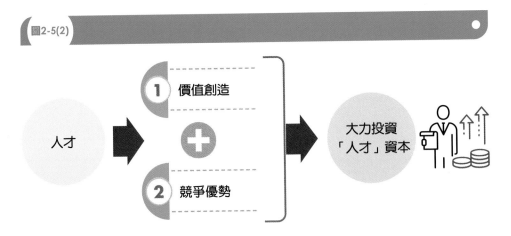

人才 ➡ 1 價值創造 ＋ 2 競爭優勢 ➡ 大力投資「人才」資本

三、人資基本觀念

　　對每一個員工個性化的尊重，鼓勵發揮每個人的無限可能及無限潛力，並支援協助他們成長。

四、人才戰略必須與經營戰略做密切搭配，才會產生好的效果

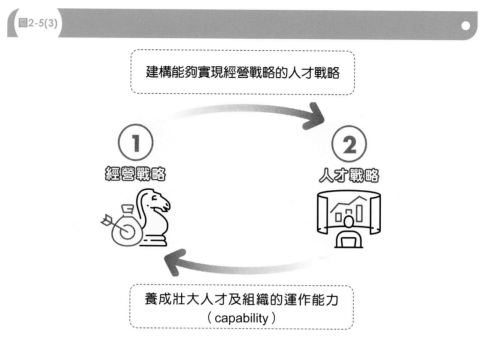

圖2-5(3)

建構能夠實現經營戰略的人才戰略

① 經營戰略

② 人才戰略

養成壯大人才及組織的運作能力
（capability）

五、人才戰略的**2**大目標

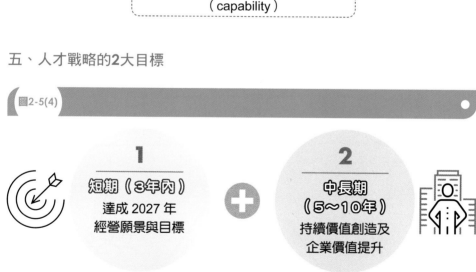

圖2-5(4)

1 短期（**3**年內）
達成 2027 年
經營願景與目標

+

2 中長期
（**5～10**年）
持續價值創造及
企業價值提升

六、人才戰略主要課題，如下圖示6大項

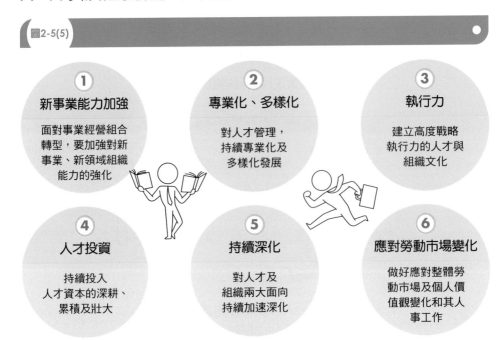

圖2-5(5)

① 新事業能力加強

面對事業經營組合轉型，要加強對新事業、新領域組織能力的強化

② 專業化、多樣化

對人才管理，持續專業化及多樣化發展

③ 執行力

建立高度戰略執行力的人才與組織文化

④ 人才投資

持續投入人才資本的深耕、累積及壯大

⑤ 持續深化

對人才及組織兩大面向持續加速深化

⑥ 應對勞動市場變化

做好應對整體勞動市場及個人價值觀變化和其人事工作

七、麒麟人才戰略全體系

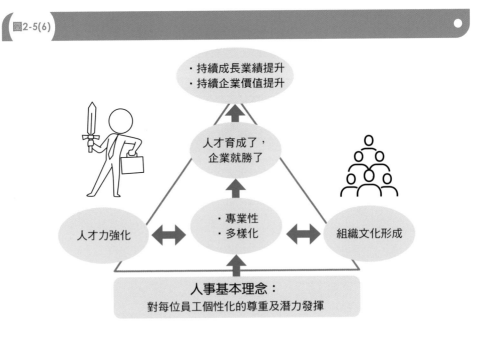

圖2-5(6)

・持續成長業績提升
・持續企業價值提升

人才育成了，企業就勝了

人才力強化 ⟷ ・專業性 ・多樣化 ⟷ 組織文化形成

人事基本理念：
對每位員工個性化的尊重及潛力發揮

八、麒麟公司三大事業領域的人才強化

圖2-5(7)

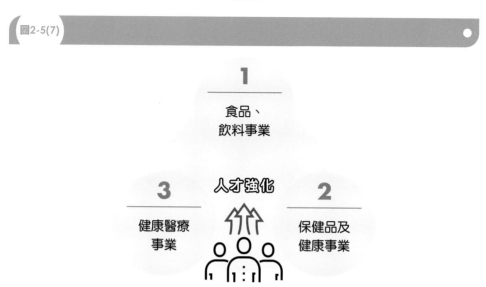

九、人才要求3力

圖2-5(8)

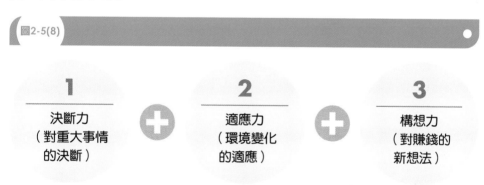

十、人才戰略3大管理面向

圖2-5(9)

十一、人才戰略4大課題的認識

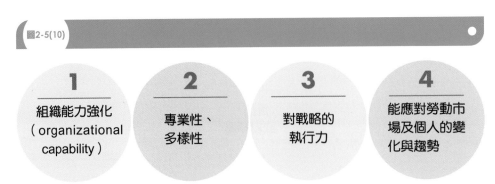

圖2-5(10)

1 組織能力強化（organizational capability）

2 專業性、多樣性

3 對戰略的執行力

4 能應對勞動市場及個人的變化與趨勢

十二、人資數據

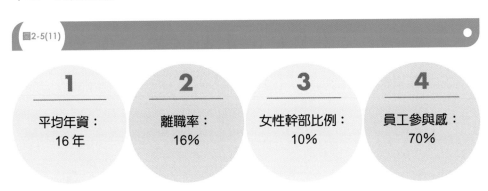

圖2-5(11)

1 平均年資：16 年

2 離職率：16%

3 女性幹部比例：10%

4 員工參與感：70%

十三、人才訓練2大對象

圖2-5(12)

1 對次世代年輕潛力人才的培訓

2 對中高階經營型人才的培訓

十四、人才的2大要求

圖2-5(13)

| 1. 高度專業性 | | 2. 高度多樣性 |

· 持續實現集團的成長業績
· 持續公司整體價值提升

十五、成立各項獎項，對有功勞員工及單位，大大獎勵、肯定及激勵

圖2-5(14)

產品創新獎

業績創新獎

行銷創新獎

全球化事業貢獻獎

幕僚功勞支援獎

年度績效獎

肯定、獎勵、激勵
員工個人及部門的
貢獻及付出

個案 6　三菱日聯金融集團 （日本第 1 大金融集團）

一、日本三菱日聯金融集團是日本最大金控公司

　　它在日本國內據點數有436個，海外據點數有1,610個，海外員工7萬人，日本派赴海外的人數有1,100人。

二、三菱日聯金控公司的人才戰略經營有**4**大重點課題

圖2-6(1)

人才戰略4大課題

1. 事業人才的育成
2. 員工參與感提升
3. DEI的持續推進
4. 員工健康經營

帶動事業競爭力強化

塑造「挑戰與變革」
的企業文化形成

提高每位員工
活躍表現，以
產生對本金控
集團更大貢獻

（註）D，Diversity，員工多樣性

　　　E，Equity，對員工公平性

　　　I，Inclusion，對員工包容性

三、三菱日聯金控總公司的人才戰略整體架構

圖2-6(2)

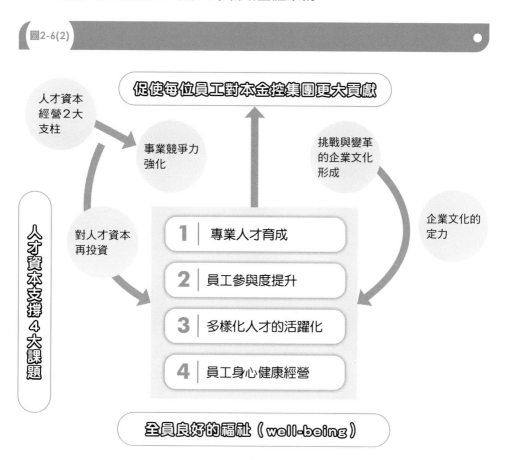

促使每位員工對本金控集團更大貢獻

人才資本經營2大支柱

事業競爭力強化

挑戰與變革的企業文化形成

企業文化的定力

對人才資本再投資

人才資本支撐4大課題

1	專業人才育成
2	員工參與度提升
3	多樣化人才的活躍化
4	員工身心健康經營

全員良好的福祉（well-being）

個案6

三菱日聯金融集團

四、三菱日聯的「企業內部大學」（**MUFG University**）的2大類人才訓練

圖2-6(3)

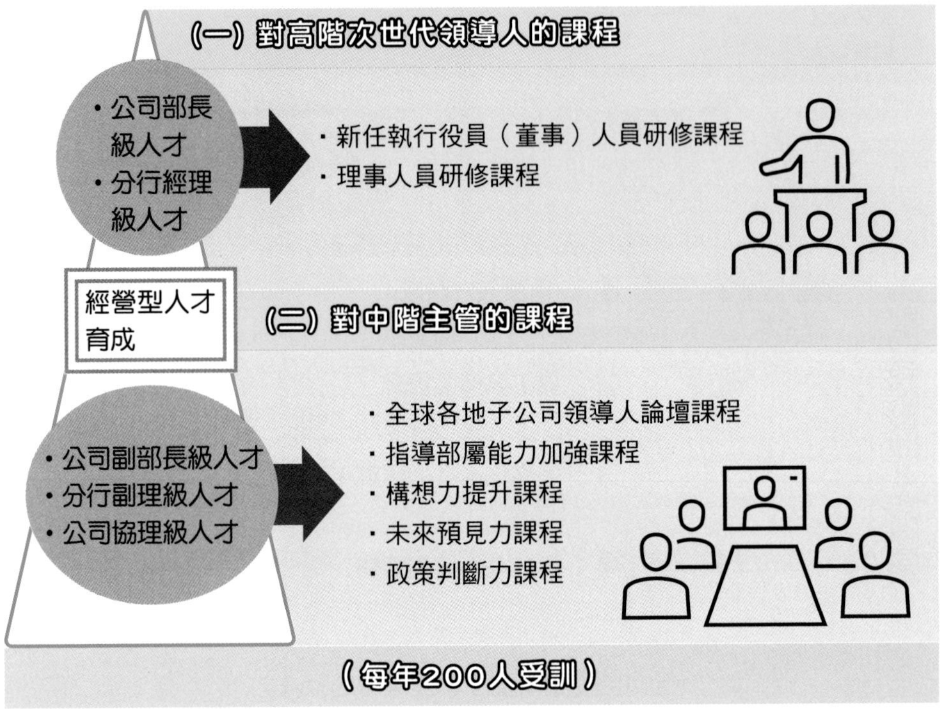

(一) 對高階次世代領導人的課程

- 公司部長級人才
- 分行經理級人才

→
- 新任執行役員（董事）人員研修課程
- 理事人員研修課程

經營型人才育成

(二) 對中階主管的課程

- 公司副部長級人才
- 分行副理級人才
- 公司協理級人才

→
- 全球各地子公司領導人論壇課程
- 指導部屬能力加強課程
- 構想力提升課程
- 未來預見力課程
- 政策判斷力課程

（每年200人受訓）

五、三菱日聯金控集團的「企業文化改革」架構圖示

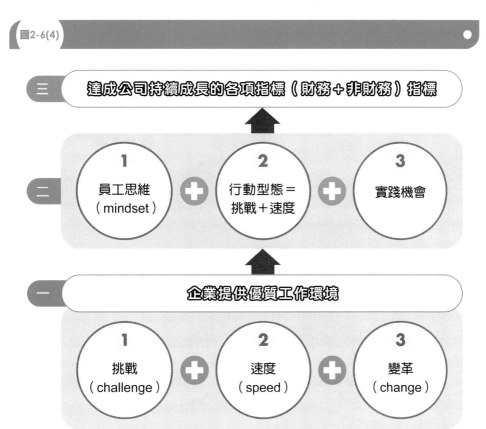

圖2-6(4)

三 達成公司持續成長的各項指標（財務＋非財務）指標

二
1 員工思維（mindset）
＋
2 行動型態＝挑戰＋速度
＋
3 實踐機會

一 企業提供優質工作環境

1 挑戰（challenge）
＋
2 速度（speed）
＋
3 變革（change）

六、三菱日聯企業文化、組織文化的3個核心要求

圖2-6(5)

1 挑戰（challenge）
＋
2 速度（speed）
＋
3 變革（change）

七、集團要塑造一個全體員工可以有主動、積極努力工作的職場環境

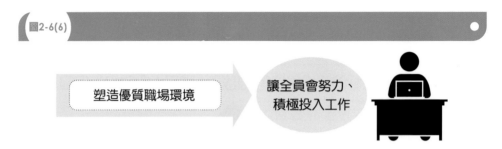

八、集團要加強與員工的溝通力

九、深化本金控公司的「價值觀」

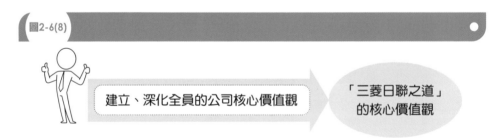

十、今年任用各種高級專業領域的人才，計607人之多

十一、全金控集團在銀行、證券、信託各種資格證照取得人數，計有：
　　　1.45萬人

十二、人才資本是本金控集團最重要資本，須大力推動對人才資本的投資與經營

圖2-6(9)

對人才資本　→　大力投資及用心經營

十三、女性管理層人數占比：**18%**

十四、每年投入教育訓練費用達：**31億日圓**

十五、訂定每位員工**KPI**工作指標，以做公平年終考核

圖2-6(10)

全員 KPI 指標　→　以利年終考核績效成果

個案 7　花王
（日本第 1 大日用品公司）

一、當員工很強

圖2-7(1)

當每個員工愈來愈強時　→　整個公司就會愈強大

二、做好人資管理2條件

圖2-7(2)

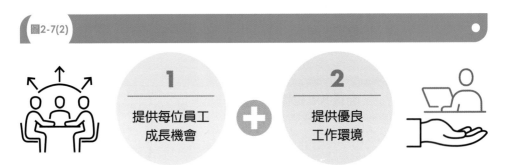

1 提供每位員工成長機會 ➕ **2** 提供優良工作環境

三、啟發及擴大對員工個人自律化學習與自我需求補強學習

圖2-7(3)

1	語言學習	5	領導力學習
2	證照取得	6	企劃力學習
3	IT技術學習	7	研究所在職碩士專班學位學習
4	AI學習		

四、人才發展的4個面向努力

圖2-7(4) **花王公司**

1 強化個人成長

(1) 培訓投資倍增
(2) 對經營人才及專業人才的培訓強化
(3) 具挑戰型人才，至少占50%

2 組織力最大化

(1) 多樣化人才採用
(2) 女性主管比例提升
(3) 人才組合充實化及戰略的適才配置
(4) 高動機化人才比例占80%

3 優良成長的環境

(1) 考核及薪獎報酬制度
(2) 工作職場滿意度80%以上
(3) 公平、公正環境提供

4 工作效率、工作進化的再提高

五、多樣化學習場所

圖2-7(5)

| 1 | 公司內部 | 3 | 公司外部研修單位 |
| 2 | 各大學EMBA | 4 | 海外研修研究所 |

六、多樣化人才發展，是不可或缺的

圖2-7(6)

1. 國內人才多樣化
2. 海外人才多樣化

➡ 形成組織多樣性的價值觀及功能

個案 7

花王

七、有潛力優良年輕員工育成計畫

圖2-7(7)

關注有潛力且優良年輕員工

中長期
育成計劃推動

八、人資

圖2-7(8)

策訂對人才
最大化活用的

1	人資戰略
2	人資計劃
3	人資執行

九、要提升員工工作的效率化及效能化

圖2-7(9)

1. 個人

要快速完成工作，一定時間內完成更多工作，即：smart work

2. 公司

公司要提供更好的IT、資訊、數位化設備及自動化設備

十、身心健康

圖2-7(10)

重視員工身心健康

才對工作推動
有助益

十一、性別平等

圖2-7(11)

要培育更多女性主管 → 做好晉升主管的性別公平性

十二、整體組織戰鬥力

圖2-7(12)

要強化員工的「挑戰」意識 → 增強整個組織戰鬥力

十三、目標與關鍵成果

圖2-7(13)

自2021年開始，開展OKR制度，使人才活化起來 → OKR: Objective and Key Result（目標與關鍵成果）

十四、人才開發的最大目標

圖2-7(14)

1 活化每個員工的個性及潛能

2 強化每個員工技能成長

3 帶動對公司更大貢獻，使公司更加壯大

個案 7

花王

個案 8　日立控股總公司（日本大型家電、電機公司）

一、人資部門的使命及願景

圖2-8(1)

1. 使命

打造多樣化人才公平機會，以及創新的組織體，以產生對本集團事業有更重大貢獻

2. 願景

活躍的組織，集結對社會有貢獻的人才組織，拓展全球市場，實現被大眾就業者挑選的幸福企業

二、人資部門4大策略重點

圖2-8(2)

1　people（talent）員工
- (1) 對全球化及數位化人才獲得、留住、育成、配置活用，以及最大潛力發揮
- (2) 適才、適所、適時的人才配置
- (3) 全員福祉（well-being）提升及員工參與感提升

2　mindset（culture）思維與組織文化形成
- (1) 對日立集團「持續成長」導向與精神的體現
- (2) 對「成長思維」的促進，以及加強員工成長技能及能力開發
- (3) 對「創新與變革」的促進

3　organization 組織
- (1) 提高顧客價值感，組織隔離打破，以及協調團隊合作工作
- (2) 新的、更有效率的工作方法建立
- (3) 數位技術活用
- (4) HR（人資）服務的加強

4　foundation 基礎
- (1) 對員工身心皆健康及安全保障
- (2) 做好事故預防、災害預防、風險管理

三、日立集團對人才多樣化的4種面向

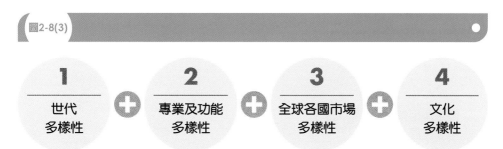

圖2-8(3)

1 世代多樣性 ➕ **2** 專業及功能多樣性 ➕ **3** 全球各國市場多樣性 ➕ **4** 文化多樣性

四、新事業拓展的3種人才來源管道

圖2-8(4)

1 公司內部既有人才 ➕ **2** 向外部招募新人才 ➕ **3** 被併購公司可用人才

五、人資管理3大領域

圖2-8(5)

1 人才 ➕ **2** 組織 ➕ **3** 企業文化

六、人才管理3大目標

圖2-8(6)

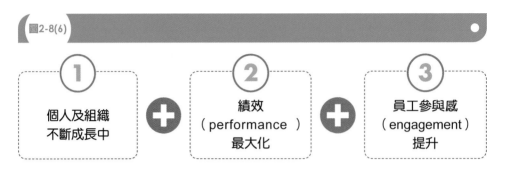

七、經營領導層的選拔及育成

圖2-8(7)

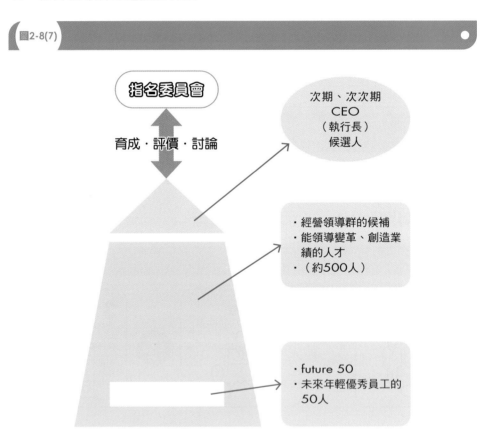

圖2-8(8)

1	指名委員會	對次期、次次期CEO候選人的討論及個別面談，中長期育成
2	執行層	對經營領導人候補的全球化選拔及育成： (1) 每年30次人才委員會討論 (2) 500人程度選拔（含外國人及女性）
3	執行層＋ 指名委員會	對年輕優秀層的未來50人員工選拔、集中及育成

八、要策訂到「2030年人才戰略」，並應對「2030年經營戰略的事業成長需求

圖2-8(9)

2030 年經營戰略 　　　2030 年人才戰略

九、發揮全球化人才力，以提升全球各國子公司的生產力及效率性

十、讓日立全球37萬人才，獲得每個人潛能最大發揮

圖2-8(10)

全球 37 萬人　　每位員工潛能最大發揮

個案8

日立控股總公司

十一、要適才、適所、適時，做好人才配置

圖2-8(11)

人才配置 ➡ ① 適才 ✚ ② 適所 ✚ ③ 適時

十二、日立集團的組織文化及組織體

圖2-8(12)

人人都很有活躍性 ➡ 日立的組織體及組織文化

十三、訂定日立人資管理3項原則，即「DEI戰略」

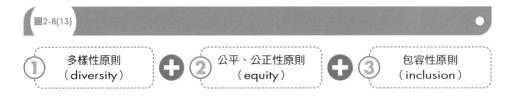

圖2-8(13)

① 多樣性原則（diversity）✚ ② 公平、公正性原則（equity）✚ ③ 包容性原則（inclusion）

十四、要做到「職務可視化」及「人才可視化」目標

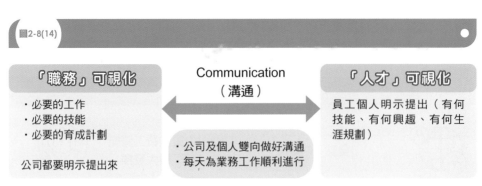

圖2-8(14)

「職務」可視化
・必要的工作
・必要的技能
・必要的育成計劃

公司都要明示提出來

Communication（溝通）

・公司及個人雙向做好溝通
・每天為業務工作順利進行

「人才」可視化
員工個人明示提出（有何技能、有何興趣、有何生涯規劃）

個案 9　松下（Panasonic）
（日本大型家電、電機公司）

一、每個員工都要活化起來實踐→事業競爭力就會跟著強大起來

二、人才資本

圖2-9(1)

人才資本經營　→　非常重要

三、責任

圖2-9(2)

每個員工要
自主責任感經營　→　每個公司都要
自主責任經營　→　整個集團
就會強大起來

四、面對外部大環境變化及挑戰，員工發揮能力的3個支柱

圖2-9(3)

1　提供安全、安心、健康的職場及工作環境

＋

2　員工自發的挑戰意願及自律性

＋

3　活化每個員工的個性

五、人事

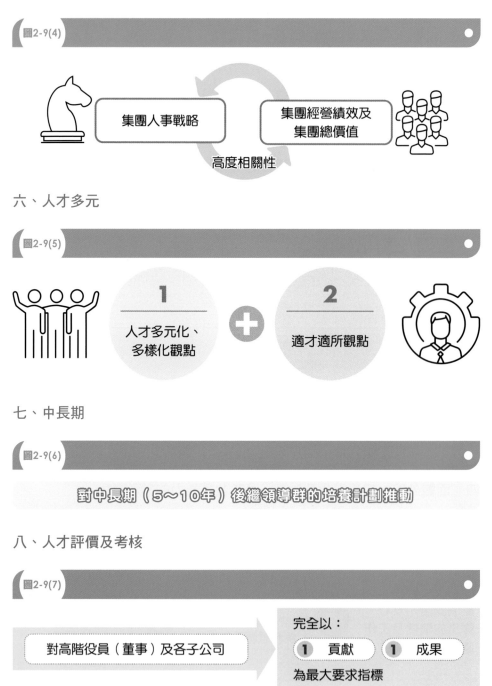

圖2-9(4)

集團人事戰略

集團經營績效及
集團總價值

高度相關性

六、人才多元

圖2-9(5)

1
人才多元化、
多樣化觀點

+

2
適才適所觀點

七、中長期

圖2-9(6)

對中長期（5～10年）後繼領導群的培養計劃推動

八、人才評價及考核

圖2-9(7)

對高階役員（董事）及各子公司

完全以：
1 貢獻　　**1** 成果
為最大要求指標

九、高階領導人的推動專案計劃

圖2-9(8)　人才需求

Creating
executive
leader

1　新任役員（董事）研修課程

2　集團經營研究會實施

十、未來10年

圖2-9(9)　人才需求

依據未來 10 年
集團布局戰略
及計劃

1　策訂好各種人才要件

2　條件及質與量

個案
9

松下（Panasonic）

個案 10　三得利集團
（日本大型食品飲料、保健品公司）

一、企業

圖2-10(1)

企業集團成長源泉　➡　人才

二、育成

圖2-10(2)

成立企業內部「三得利大學」　➡　展開人才育成計劃

| 1 | 領導力開發 | 2 | 未來能力開發 | 3 | 自我學習成長 |

三、人才育成的2個聯結點

圖2-10(3)

1 徹底現場主義　➕　**2** 與顧客的起點的組織

四、全球化

圖2-10(4)

全球化事業快速拓展 ➡ 牽引著人才育成的需求

五、對未來新事業人才需求來源，**2**方向並進

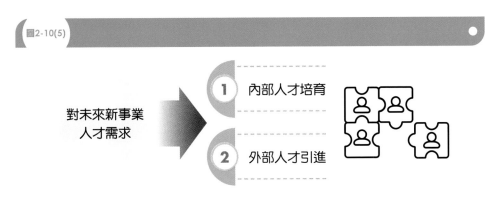

圖2-10(5)

對未來新事業
人才需求

1 內部人才培育

2 外部人才引進

六、三得利是全球化食品、飲料、酒類、保健品的綜合企業集團

圖2-10(6)

全球員工	4 萬人	亞洲	63 家
美國地區	52 家公司	日本	67 家
歐洲	88 家公司

七、高度重視人才資本經營（Human Capital Management）

八、連續七年獲得「健康經營優良企業」（重視員工健康與安全）

九、培訓

圖2-10(7)

展開 Global leadership forum（全球領導力論壇）

→

以國內外各子公司總經理領導人為培訓對象

十、推動「GLDP」計劃

圖2-10(8)

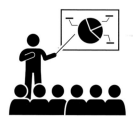

Global Leadership Development Program
全球儲備領導人發展計劃

針對選拔及儲備全球各子公司
潛力 CEO 人才培訓計劃

十一、推動Coaching & Mentoring計劃

圖2-10(9)

指派公司資深人員，做好年輕有潛力人才的1對1導師及教導工作

十二、推動員工CV計劃

圖2-10(10)

推動「Career Vision」CV 計劃，
即每位員工職涯願景計劃

→

1 舉辦每年一次的CV員工面談會
2 做好幹部與員工的職涯規劃溝通
3 達到適才、適所、適時

十三、推動次世代經營者研修班

圖2-10(11)

對部長級、課長級幹部，專班推出「次世代經營者」育成研修班

十四、推動自我學習計劃

圖2-10(12)

Suntory self-development program
支持、支援員工自我主動赴外部學習計劃

十五、集團內部線上大學學習

圖2-10(13)

成立三得利集團內部線上大學學習網路 → 公司內／外部的講座、資料、影片、訓練等課程及資料，員工自己可隨時上網參看及學習

個案 10

三得利集團

個案 11　住友商事 （日本第 3 大商社）

一、從個人與組織觀點看人才戰略管理

圖2-11(1)

1. 組織觀點

(1) 做好：人才管理力強化
(2) 做好：領導層育成強化
(3) 做好：pay for job、pay for performance的徹底（績效與報酬一致性）
(4) 做好：適才、適所實踐
(5) 做好：留住好人才計劃
(6) 做好：員工參與感提升

2. 員工個人觀點

(1) 做好：員工個人自律性學習及成長
(2) 做好：員工職涯成長路線
(3) 做好：員工自我實現

3. 提供完善的職場環境。
4. 建立員工大家都認同的企業文化、組織文化。

二、貫徹考績制度的核心點

圖2-11(2)

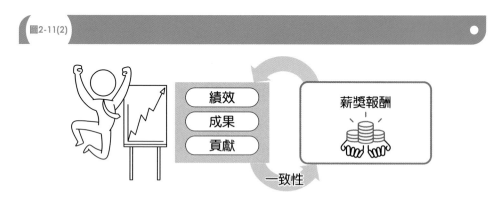

績效　成果　貢獻　薪獎報酬

一致性

三、做好人才管理的4面向

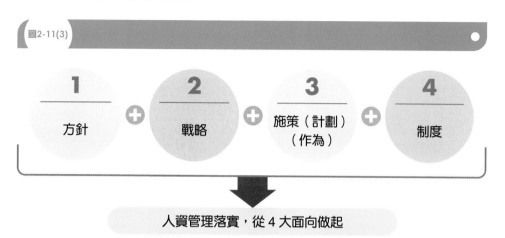

圖2-11(3)

| 1 方針 | ＋ | 2 戰略 | ＋ | 3 施策（計劃）（作為） | ＋ | 4 制度 |

人資管理落實，從 4 大面向做起

四、人才戰略是為了配合事業組合轉型而來的

圖2-11(4)

Business portfolio shift（事業經營組合的轉變） → 找到最適當、最有能力的人才搭配

五、訓練

圖2-11(5)

訓練工作最核心點 → 「經營者」型態人才的養成

六、人才訓練6大類對象

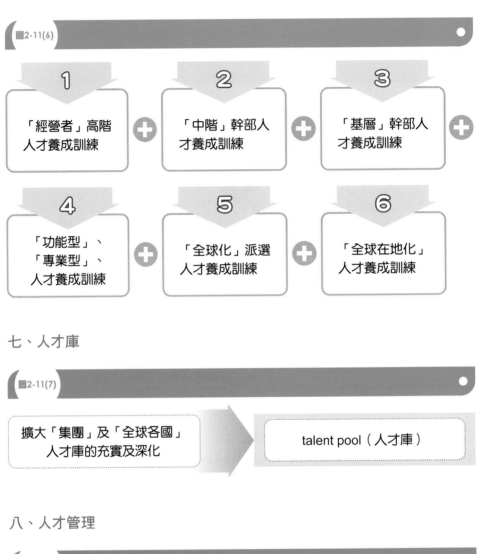

圖2-11(6)

1	2	3
「經營者」高階人才養成訓練	「中階」幹部人才養成訓練	「基層」幹部人才養成訓練

4	5	6
「功能型」、「專業型」、人才養成訓練	「全球化」派選人才養成訓練	「全球在地化」人才養成訓練

七、人才庫

圖2-11(7)

擴大「集團」及「全球各國」人才庫的充實及深化　➡　talent pool（人才庫）

八、人才管理

圖2-11(8)

加強未來「人才管理」改革、革新、改變的推動

九、價值創造

圖2-11(9)

集團價值創造、
獲利創造及競爭力源泉 ➡ 全靠人才管理

十、人才資本

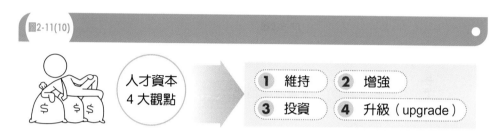

圖2-11(10)

人才資本
4大觀點 ➡
1 維持　2 增強
3 投資　4 升級（upgrade）

十一、新價值

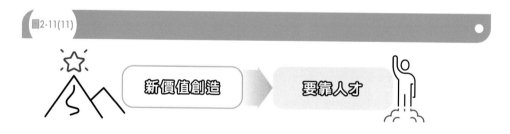

圖2-11(11)

新價值創造 ➡ 要靠人才

十二、人才管理視野擴大化

圖2-11(12)

從日本國內人才管理　升級➡　全球化人才管理

國內視野　　　　　　　　　　全球視野

個案 12　瑞穗金融集團
（日本第 2 大金融集團）

一、人事戰略整體架構

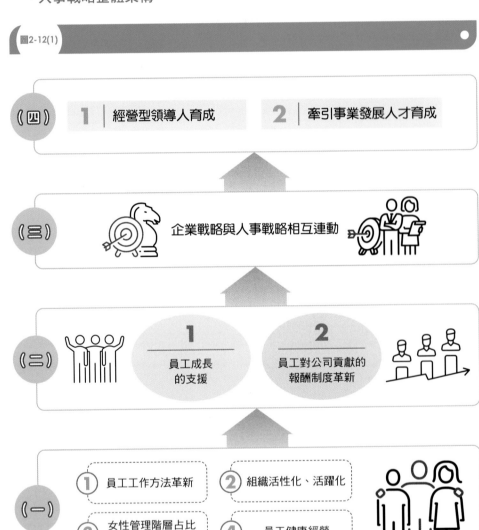

圖2-12(1)

（四）
1 │ 經營型領導人育成　　2 │ 牽引事業發展人才育成

（三）
企業戰略與人事戰略相互連動

（二）
1 員工成長的支援
2 員工對公司貢獻的報酬制度革新

（一）
① 員工工作方法革新　② 組織活性化、活躍化
③ 女性管理階層占比提升　④ 員工健康經營

二、員工培訓循環圖示

圖2-12(2)

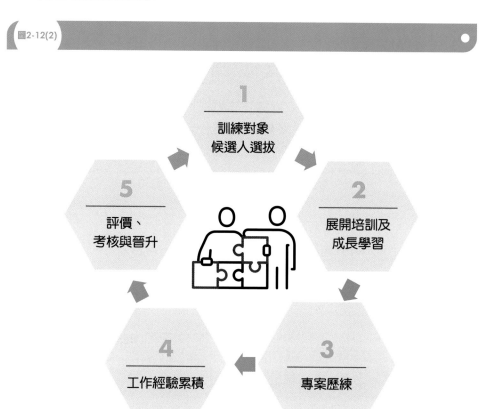

1 訓練對象候選人選拔

2 展開培訓及成長學習

3 專案歷練

4 工作經驗累積

5 評價、考核與晉升

三、人事

圖2-12(3)

要把人事工作，放在「戰略人事」的高度來看待

個案
12

瑞穗金融集團

四、做好人才5重點

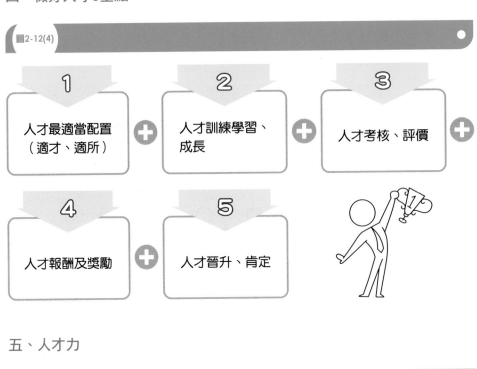

圖2-12(4)

1 人才最適當配置（適才、適所）

2 人才訓練學習、成長

3 人才考核、評價

4 人才報酬及獎勵

5 人才晉升、肯定

五、人才力

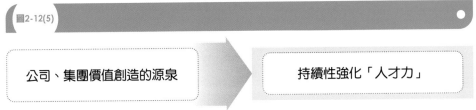

圖2-12(5)

公司、集團價值創造的源泉　→　持續性強化「人才力」

六、組織文化

圖2-12(6)

要培養出員工想做事、主動積極做事、勇於任事的組織文化　→　發揮每位員工的最大潛能與動機

七、員工5大特質要求

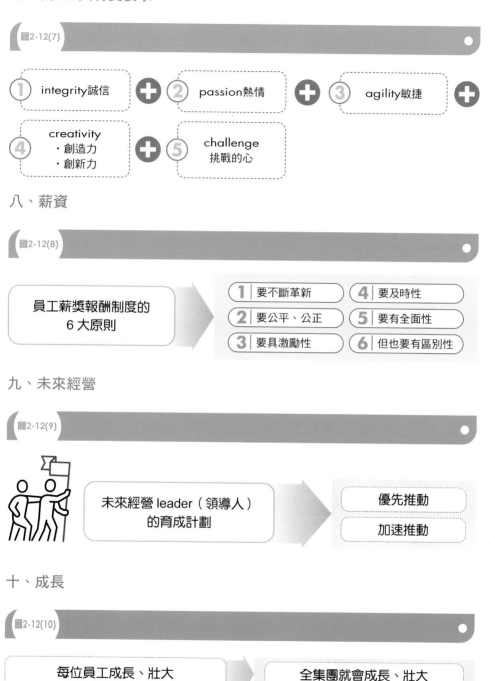

圖2-12(7)

① integrity誠信 ➕ ② passion熱情 ➕ ③ agility敏捷 ➕

④ creativity
・創造力
・創新力
➕
⑤ challenge
挑戰的心

八、薪資

圖2-12(8)

員工薪獎報酬制度的
6大原則
➡
1	要不斷革新	4	要及時性
2	要公平、公正	5	要有全面性
3	要具激勵性	6	但也要有區別性

九、未來經營

圖2-12(9)

未來經營 leader（領導人）
的育成計劃
➡
優先推動

加速推動

十、成長

圖2-12(10)

每位員工成長、壯大 ➡ 全集團就會成長、壯大

十一、KPI

圖2-12(11)

要訂定人才資本的 KPI 指標　➔　考核每位員工

十二、女性管理層占比

圖2-12(12)

課長級以上　19%　　部長級以上　9%　　目標　均為30%

十三、培育

圖2-12(13)

加速培育全球化事業備儲人才

十四、深化

圖2-12(14)

持續深化企業理念＋企業文化

個案 13　象印家電公司
（日本第 1 大電子鍋公司）

一、象印育成體系圖

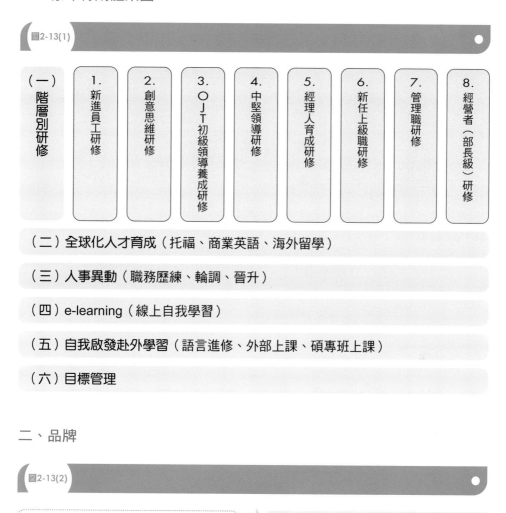

圖2-13(1)

| （一）階層別研修 | 1. 新進員工研修 | 2. 創意思維研修 | 3. OJT初級領導養成研修 | 4. 中堅領導研修 | 5. 經理人育成研修 | 6. 新任上級職研修 | 7. 管理職研修 | 8. 經營者（部長級）研修 |

（二）全球化人才育成（托福、商業英語、海外留學）

（三）人事異動（職務歷練、輪調、晉升）

（四）e-learning（線上自我學習）

（五）自我啟發赴外學習（語言進修、外部上課、碩專班上課）

（六）目標管理

二、品牌

圖2-13(2)

品牌創新觀念及作法 ➡ 納入人才育成及訓練課程內

三、人才

圖2-13(3)

人才 ➤ 是公司最重要、最優先重視的經營資源

四、員工

圖2-13(4)

員工成長 ➤ 公司才會成長

五、終極目標

圖2-13(5)

追求將人才資本發揮到最大化，創出最大成效為終極目標

六、多樣化

圖2-13(6)

多樣化、女性活躍化推進

個案 14　村田製作所
（日本第1大電子零組件公司）

一、人才戰略基本考量4大重點

圖2-14(1)

1 深化公司的核心價值觀

➕

2 強化全球化人才的穩固

➕

3 對員工個人及各部門組織能力（organizational capability）不斷再提升

➕

4 做好與集團中長期10年事業成長戰略的搭配任務

二、核心優勢

圖2-14(2)

村田的核心競爭優勢　➡　在電子零組件尖端的技術人才＋技術先進能力的組合力量

三、人力資本維持及強化的2大方向努力

圖2-14(3)

1. 全球化事業的多樣人才育成
・全球7.5萬人員工
・對海外子公司當地人才的信賴、尊重、包容、晉升、獎酬

2. 員工參與度及對公司認同感提升
・員工調查認同度達75%
・塑造好的組織文化及組織認同

四、村田製作所的2大成長支柱

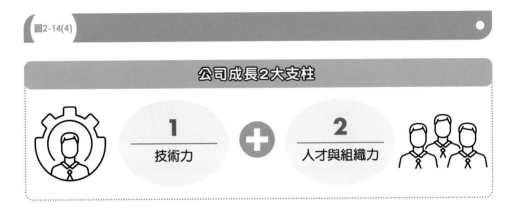

圖2-14(4)

公司成長2大支柱

1
技術力

+

2
人才與組織力

五、村田製作所已訂定

圖2-14(5)

中長期目標：「願景 vision 2030 年的
成長戰略及人才戰略」

未來十年布局計劃

六、重視人才管理的3個觀點

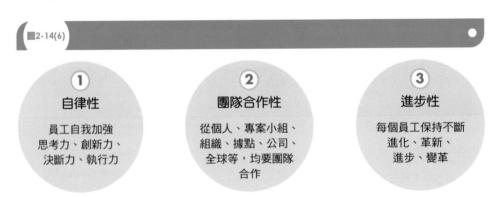

圖2-14(6)

①
自律性

員工自我加強
思考力、創新力、
決斷力、執行力

②
團隊合作性

從個人、專案小組、
組織、據點、公司、
全球等，均要團隊
合作

③
進步性

每個員工保持不斷
進化、革新、
進步、變革

七、財務資本＋人才組織資本是公司成長的2大必備根本資本

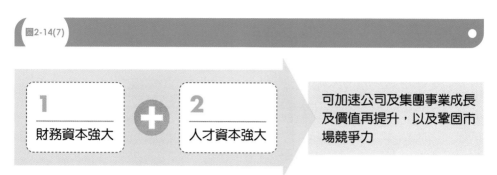

圖2-14(7)

1 財務資本強大	**2** 人才資本強大

可加速公司及集團事業成長及價值再提升，以及鞏固市場競爭力

八、公司合計有7項經營資本

圖2-14(8)

1 人才資本

2 財務資本

3 組織資本

4 設備資本

5 客戶資本

6 IP 智產權資本

7 供應商夥伴資本

九、組織戰鬥力的2大基礎支柱，如下圖示

圖2-14(9)

1 人才力持續強化	**2** 組織力持續強化

人才戰略管理的最終2大力量

十、CS＋ES這2個同等重視，如下圖示

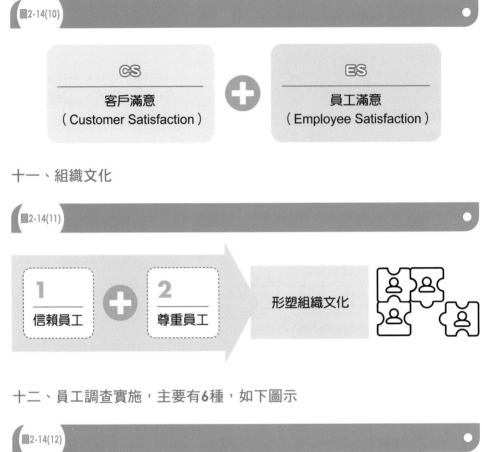

圖2-14(10)

CS		ES
客戶滿意	＋	員工滿意
（Customer Satisfaction）		（Employee Satisfaction）

十一、組織文化

圖2-14(11)

1		2		形塑組織文化
信賴員工	＋	尊重員工		

十二、員工調查實施，主要有6種，如下圖示

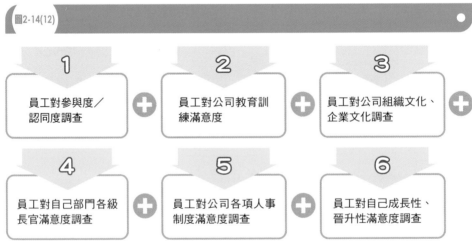

圖2-14(12)

1 員工對參與度／認同度調查	＋	2 員工對公司教育訓練滿意度	＋	3 員工對公司組織文化、企業文化調查	＋
4 員工對自己部門各級長官滿意度調查	＋	5 員工對公司各項人事制度滿意度調查	＋	6 員工對自己成長性、晉升性滿意度調查	

個案 15　本田（HONDA）汽車公司（日本第 3 大汽車製造公司）

一、本田人事管理的基本理念

圖2-15(1)

1 平等 + 2 信賴 + 3 自立

二、本田人事管理3原則

圖2-15(2)

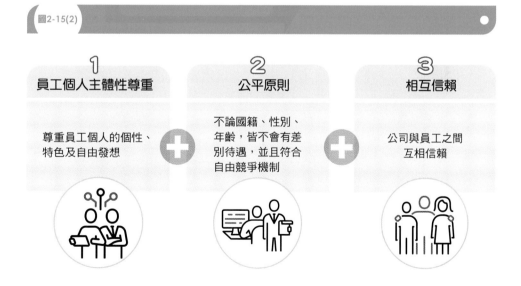

1 員工個人主體性尊重
尊重員工個人的個性、特色及自由發想

+

2 公平原則
不論國籍、性別、年齡，皆不會有差別待遇，並且符合自由競爭機制

+

3 相互信賴
公司與員工之間互相信賴

三、本田5個勞務方針

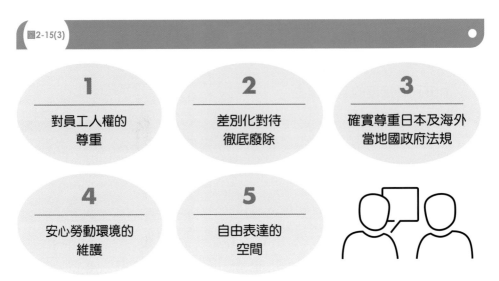

圖2-15(3)

1 對員工人權的尊重

2 差別化對待徹底廢除

3 確實尊重日本及海外當地國政府法規

4 安心勞動環境的維護

5 自由表達的空間

四、本田全球人才管理的approach（路徑）

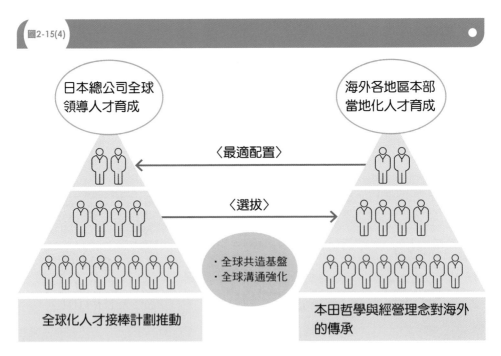

圖2-15(4)

日本總公司全球領導人才育成

海外各地區本部當地化人才育成

〈最適配置〉

〈選拔〉

・全球共造基盤
・全球溝通強化

全球化人才接棒計劃推動

本田哲學與經營理念對海外的傳承

五、全球化人才管理的推進

圖2-15(5)

全球化人才管理4件事：

1 | 選拔　　2 | 育成

3 | 配置　　4 | 獎酬

派赴海外各國的各種人才（領導者、設計、開發、製造、品管、銷售、行銷、服務、物流）

六、海外「當地化人才」政策落實

圖2-15(6)

現在

從日本總公司外派主管人員

〈轉換〉

未來

逐漸轉換為當地在地優良人才的拔擢及採用

七、發揮本田全球化總合力

圖2-15(7)

1
人才多樣化

➕

2
人才多國籍化

個案 **15**

本田（HONDA）汽車公司

八、本田全球HR（人資）管理架構

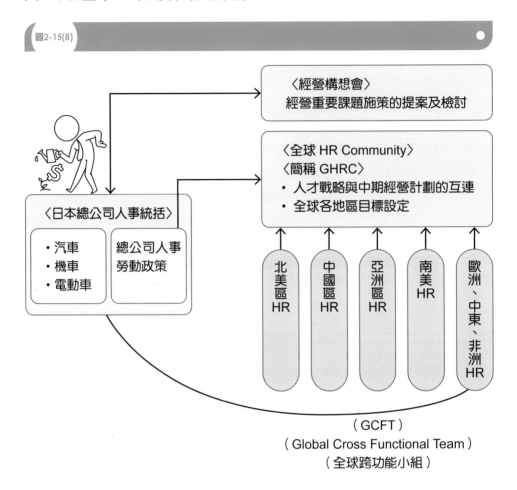

圖2-15(8)

〈經營構想會〉
經營重要課題施策的提案及檢討

〈全球 HR Community〉
〈簡稱 GHRC〉
・人才戰略與中期經營計劃的互連
・全球各地區目標設定

〈日本總公司人事統括〉
・汽車
・機車
・電動車
總公司人事
勞動政策

北美區HR　中國區HR　亞洲區HR　南美HR　歐洲、中東、非洲HR

（GCFT）
（Global Cross Functional Team）
（全球跨功能小組）

九、推動GCM計劃

GCM：Global Competence Model，提升全球化人才能的模式。

十、員工自我成長3管道

圖2-15(9)

① 工作中自我學習及成長　➕　② 公司提供的內部訓練成長　➕　③ 自我外部研修成長

十一、本田人事評價、考核

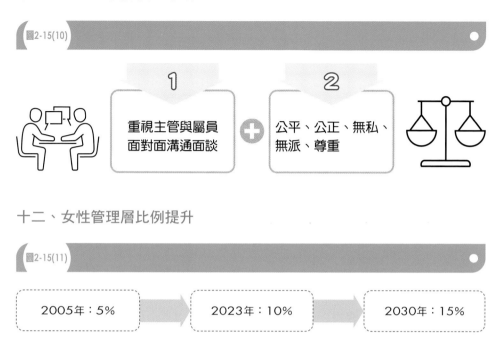

圖2-15(10)

1 重視主管與屬員面對面溝通面談 ➕ 2 公平、公正、無私、無派、尊重

十二、女性管理層比例提升

圖2-15(11)

2005年：5% ➡ 2023年：10% ➡ 2030年：15%

個案 16　三井住友金融集團（日本第 3 大金融集團）

一、對員工的要求

圖2-16(1)

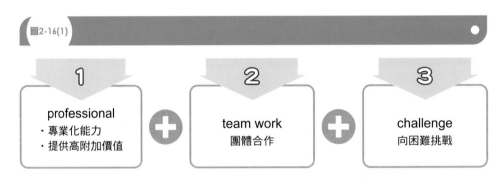

1 professional
・專業化能力
・提供高附加價值

+

2 team work
團體合作

+

3 challenge
向困難挑戰

二、員工研修的4種層次

圖2-16(2)

層級	對象	課程
1. 役員（董事）	執行役員研修	集團經營者及領導人課程
2. 管理職	(1) 管理職研修	次期（下一期）經營領導人
	(2) 新任管理職研修	管理技能課程
3. 中堅	中堅擔當者研修	中堅人員的擔當專業課程
4. 新人	新進人員研修	了解集團理念、價值觀、狀況及企業文化

三、集團人才資本經營model（模式）

圖2-16(3)

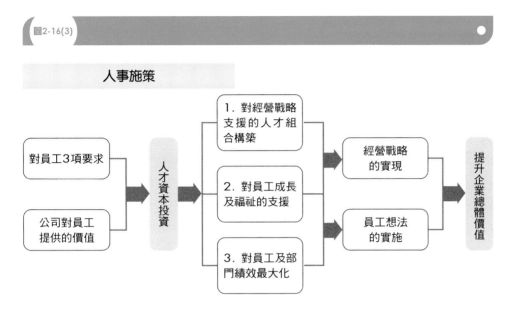

人事施策

對員工3項要求	人才資本投資	1. 對經營戰略支援的人才組合構築	經營戰略的實現
公司對員工提供的價值		2. 對員工成長及福祉的支援	員工想法的實施
		3. 對員工及部門績效最大化	

提升企業總體價值

四、今年人才資本投資，比去年成長7%

圖2-16(4)

人才類型	人才投入人數（3年）
1. 法務、風險控管、IT人才	1,000人
2. 數位轉型人才	300人
3. 全球化人才	100人

五、員工年終評價2大面向

圖2-16(5)

1 貢獻評價（依貢獻、績效成果）

2 實力評價（依行動力、進修成績、面談）

給予相對應的獎酬制度（月薪、獎金、分紅、晉升職稱、調薪）

六、「人才育成」6種管道並進

圖2-16(6)

「人才育成」6種管道並進

1. 員工自己工作中的每天學習及成長（做中學）

2. 員工自己、自律性成長

3. 員工自己赴外面單位學習、成長

4. 公司提供員工各種訓練課程，而成長

5. 員工職務晉升、晉級的歷練、學習與成長

6. 公司將重要專案交予員工負責的歷練成長

七、員工自我OFF-JT的充實管道

圖2-16(7)

員工自我 OFF-JT 的充實管道

1	2	3	4
赴外面專業機構的上課、講座、演講	赴國內及國外研究所碩士專班研習及獲取學歷	員工平常自我買書、買雜誌閱讀成長	員工參加外面機構專業證照考試及認證

八、對員工參與感調查：70％的平均水平

九、打造多樣化人才

圖2-16(8)

打造多樣化人才組合
（Human Resources Diversity）

就能創造出多樣化的事業組合
（Business Portfolio）

個案 17　明治食品控股公司（日本大型食品公司）

一、明治集團的人才戰略5重點

圖2-17(1)

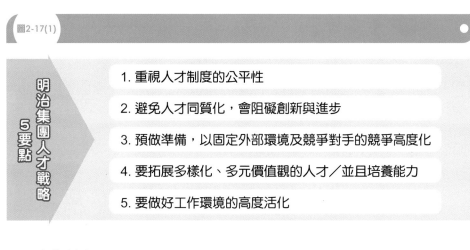

明治集團人才戰略5要點

1. 重視人才制度的公平性
2. 避免人才同質化，會阻礙創新與進步
3. 預做準備，以固定外部環境及競爭對手的競爭高度化
4. 要拓展多樣化、多元價值觀的人才／並且培養能力
5. 要做好工作環境的高度活化

二、人為核心

圖2-17(2)

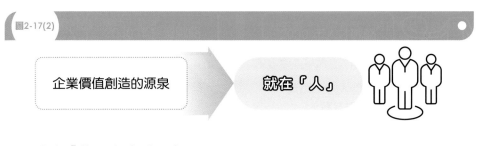

企業價值創造的源泉　　就在「人」

三、成立「集團人才委員會」

圖2-17(3)

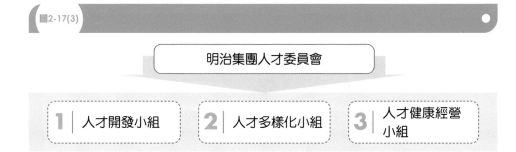

明治集團人才委員會

1 | 人才開發小組　　2 | 人才多樣化小組　　3 | 人才健康經營小組

四、企業使命

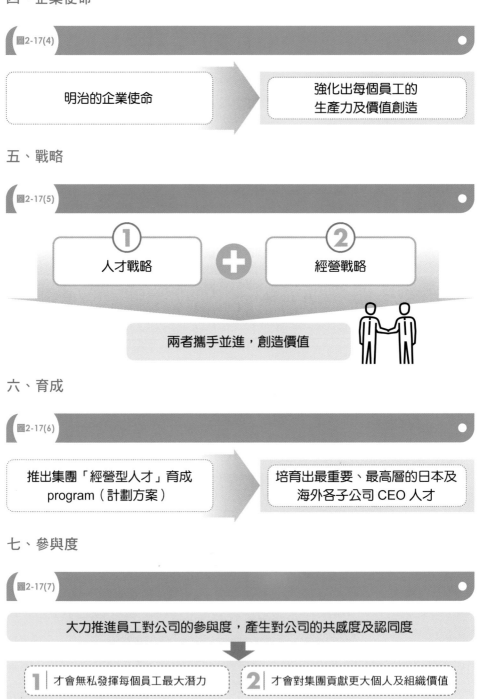

圖2-17(4)

| 明治的企業使命 | 強化出每個員工的生產力及價值創造 |

五、戰略

圖2-17(5)

① 人才戰略　＋　② 經營戰略

兩者攜手並進，創造價值

六、育成

圖2-17(6)

| 推出集團「經營型人才」育成program（計劃方案） | 培育出最重要、最高層的日本及海外各子公司 CEO 人才 |

七、參與度

圖2-17(7)

大力推進員工對公司的參與度，產生對公司的共感度及認同度

1 才會無私發揮每個員工最大潛力　　2 才會對集團貢獻更大個人及組織價值

個案 18 豐田（TOYOTA）汽車公司 （日本第 1 大汽車製造公司）

一、日本豐田公司的人才，區分為3大類

圖2-18(1)

豐田人才 3 大類 → 1 業務職　2 技術職　3 事務職

二、豐田「經營型」人才計劃推進很重要，有4大要點

圖2-18(2)

「經營型」人才

1 選拔　2 候補　3 育成　4 留住

三、豐田OJT與OFF-JT二種研修模式並重、並進

圖2-18(3)

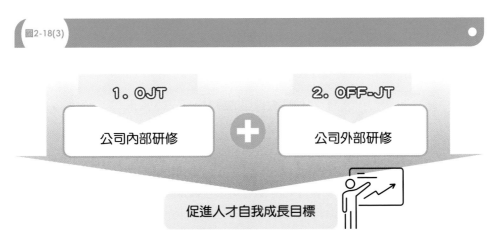

1. OJT
公司內部研修

＋

2. OFF-JT
公司外部研修

促進人才自我成長目標

四、豐田高度強調OJT的現場、現物學習成長

圖2-18(4)

OJT
（on the job training）

1 現場 工廠＋販賣店的現場

2 現物 設備、設施、物品

五、對員工的考核、評價、考績

要注重員工的回饋意見，以及要做好「雙向溝通」的考核。

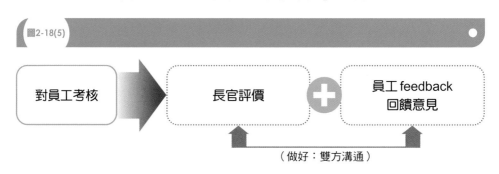

圖2-18(5)

對員工考核 → 長官評價 ＋ 員工 feedback 回饋意見

（做好：雙方溝通）

六、豐田員工考核只問績效、成果的制度

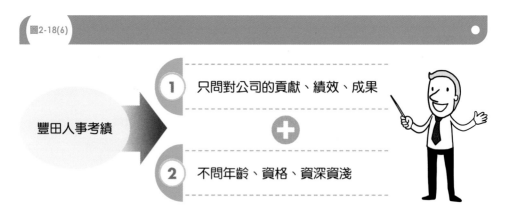

圖2-18(6)

豐田人事考績

1 只問對公司的貢獻、績效、成果

＋

2 不問年齡、資格、資深資淺

七、豐田傾聽員工聲音及意見

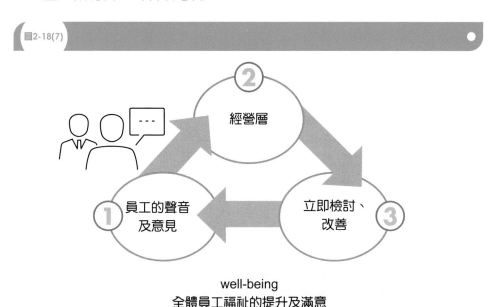

圖2-18(7)

well-being
全體員工福祉的提升及滿意

八、豐田對員工的調查

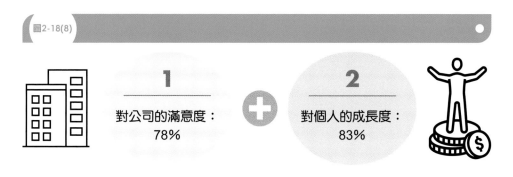

圖2-18(8)

1 對公司的滿意度：78%

+

2 對個人的成長度：83%

九、豐田全球化幹部人才養成2大來源並進

圖2-18(9)

① 豐田總公司對外派遣幹部人才 **+** ② 海外當地國優秀的幹部人才

十、對豐田「汽車之夢」熱情實現的員工2大要求

圖2-18(10)

豐田「汽車之夢」　➜　很努力　✚　很熱情

個案 19　三菱電機公司
（日本第 1 大電機公司）

一、日本三菱電機的人才管理，基本考量7要項

圖2-19(1)

人才管理基本考量 7 要項

1
做好：對中期（5年）經營計劃的人才需求密切配合

2
不斷的人才投資（每年新進人員計3,000人）（包括：有經驗及剛畢業的）（包括：技術及非技術人員）

3
對外派海外人才的強化

4
重視人才育成及成長（成長型員工對公司很重要）（要加強員工研修）

5
對職場工作環境的提升

6
對員工參與度及認同度再提升

7
員工多樣化的持續推進

二、員工多樣化推進原因

圖2-19(2)

員工多樣化推進原因

1	環境起了變化
2	全球化人才需求
3	多元價值觀及多元化能力
4	避免公司太同質化、太一言堂、不夠活躍性

三、提高女性員工占比

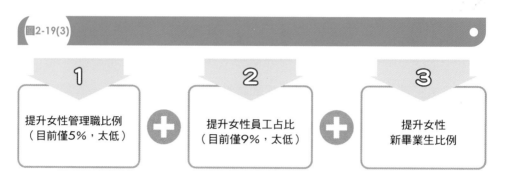

圖2-19(3)

1	2	3
提升女性管理職比例（目前僅5%，太低）	提升女性員工占比（目前僅9%，太低）	提升女性新畢業生比例

個案 20 富士（FUJIFILM Holdings Corporation）（日本第 1 大化學材料公司）

一、富士集團的人才育成

圖2-20(1)

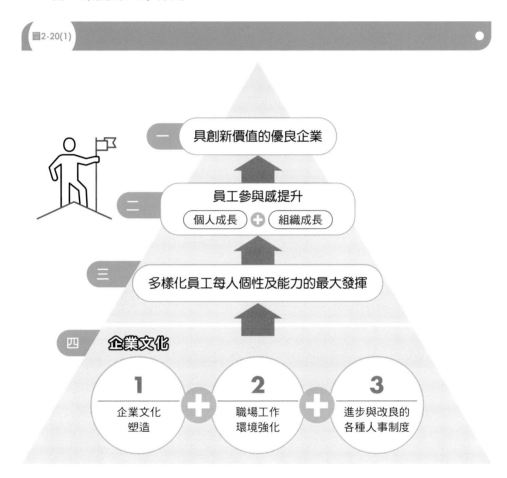

一 具創新價值的優良企業

二 員工參與感提升

個人成長 ＋ 組織成長

三 多樣化員工每人個性及能力的最大發揮

四 企業文化

1 企業文化塑造 ＋ 2 職場工作環境強化 ＋ 3 進步與改良的各種人事制度

二、本企業最重要2力

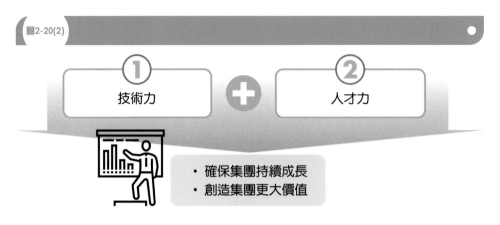

圖2-20(2)

① 技術力　＋　② 人才力

・ 確保集團持續成長
・ 創造集團更大價值

三、集團的核心人才

圖2-20(3)

本集團的核心人才　→　具技術創新的科技與研發人才團隊

四、外部變化的應對

圖2-20(4)

面對外部大環境的巨變　→　培育出能應對環境變化的優質人才

五、年度研修成果

圖2-20(5)

1. 總研修費　17億日圓　2. 總研修小時　158萬小時　3. 平均每人小時　19小時

六、全體員工參與感調查：達75%

七、健康

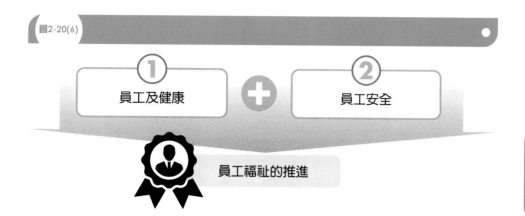

圖2-20(6)

① 員工及健康 + ② 員工安全

員工福祉的推進

富士（FUJIFILM Holdings Corporation）

個案 21　迅銷（優衣庫 Uniqlo）服飾公司（日本第 1 大服飾公司）

一、人才

圖2-21(1)

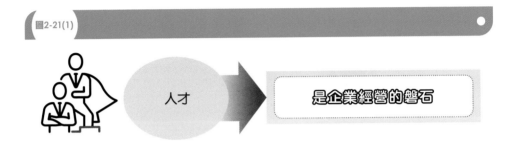

人才　➡　**是企業經營的磐石**

二、培育

圖2-21(2)

我（柳井正董事長兼執行長）的任務　➡　對下一代經營者的養成

三、全球化管理

圖2-21(3)

- 全球化思維，當地化人才。
- Global is local, local is global.

① 現場、現物、現實、自我決斷

② 即斷、即決、即執行

全球有8,000名店長

四、現場門市店人員的重要性

圖2-21(4)

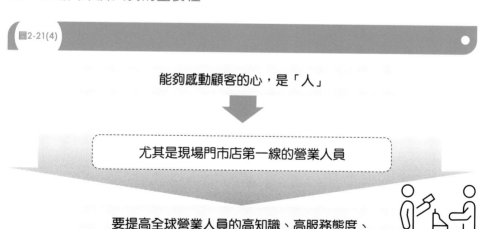

能夠感動顧客的心，是「人」

尤其是現場門市店第一線的營業人員

要提高全球營業人員的高知識、高服務態度、
高門市店經營、高銷售技巧

個案
21

迅銷（優衣庫Uniqlo）服飾公司

個案 22　LAWSON（羅森）便利商店（日本第 3 大超商公司）

一、公司6大經營資源

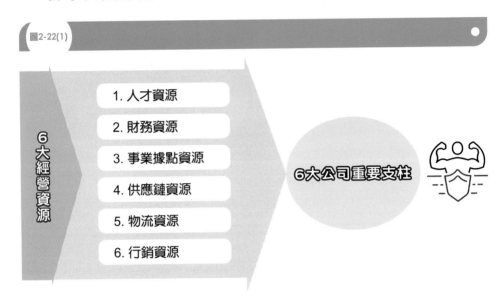

圖2-22(1)

6大經營資源

1. 人才資源
2. 財務資源
3. 事業據點資源
4. 供應鏈資源
5. 物流資源
6. 行銷資源

6大公司重要支柱

二、員工2大重點方向

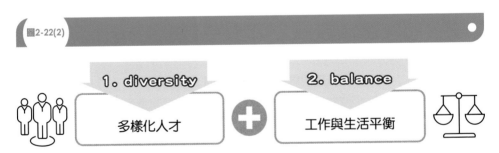

圖2-22(2)

1. diversity
多樣化人才

＋

2. balance
工作與生活平衡

三、人

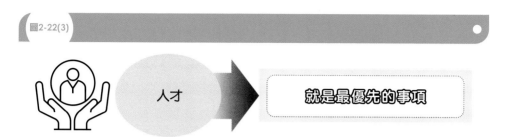

圖2-22(3)

人才 → 就是最優先的事項

四、對待員工更加重視4項

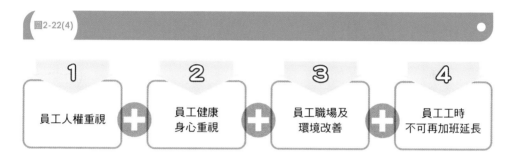

圖2-22(4)

1		2		3		4
員工人權重視	＋	員工健康 身心重視	＋	員工職場及 環境改善	＋	員工工時 不可再加班延長

個案 23　味之素公司（日本大型食品公司）

一、公司兩種資產形成

圖2-23(1)

| 1 有形資源 | + | 2 無形資產 | → 確保公司成長運作及價值創造 |

二、公司4個重要無形資產

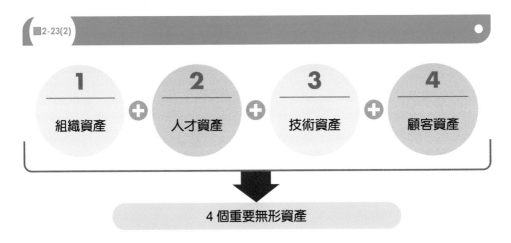

圖2-23(2)

1 組織資產 + 2 人才資產 + 3 技術資產 + 4 顧客資產

↓

4 個重要無形資產

三、員工個人及組織要努力「共同成長」

圖2-23(3)

① 個人成長 + ② 組織成長 → 公司就會成長及壯大

四、管理

圖2-23(4)

人才管理

要全力搭配「成長型」企業的需求人才

五、平均每年每個人才投資：**88萬日圓**

個案 24　Canon 公司
（日本大型數位相機、辦公室設備公司）

一、人事管理最高原則

圖2-24(1)

| 人資管理最高原則 | → | 堅持員工的「實力主義」為最高原則 |

實力主義至上

二、技術人才放在最重要位置

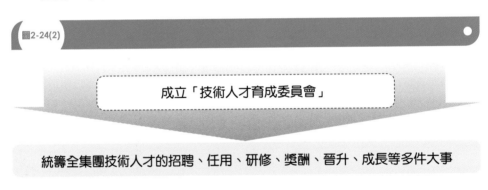

圖2-24(2)

成立「技術人才育成委員會」

統籌全集團技術人才的招聘、任用、研修、獎酬、晉升、成長等多件大事

三、人才成長

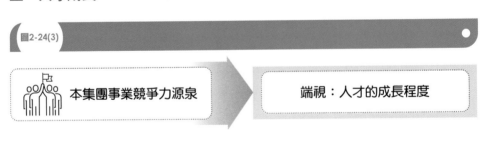

圖2-24(3)

| 本集團事業競爭力源泉 | → | 端視：人才的成長程度 |

四、人資

企業人資的 DNA → 對每位員工人性的重視及尊重

五、3類人才育成

1 技術人才育成 ➕ 2 全球外派人才育成 ➕ 3 儲備中堅幹部人才育成

六、Canon技術人才類型需求

1	機械	2	電氣	3	光學
4	材料	5	軟體	6	AI

七、全球人事的共生理念

對全球多國籍、多樣化、多價值觀人才的尊重及育成

個案 25　日產（NISSAN）汽車公司（日本第 2 大汽車製造公司）

一、人事制度

圖2-25(1)

| 要從中長期觀點來看待「人」與「組織」成長的實現 | ➔ | 公司人事制度要持續變革、革新、進化、改善 |

二、對員工評價／考核的2大方向指標

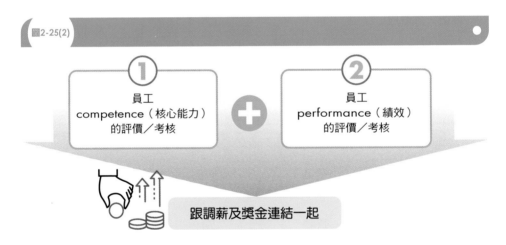

圖2-25(2)

① 員工 competence（核心能力）的評價／考核

➕

② 員工 performance（績效）的評價／考核

跟調薪及獎金連結一起

三、員工competence（核心能力）評價的3個項目

圖2-25(3)

1 日產價值觀的堅守及行動的 competence

➕

2 員工個人專業能力的 competence

➕

3 協同合作的 competence

四、員工

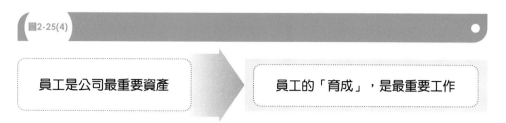

圖2-25(4)

員工是公司最重要資產　→　員工的「育成」，是最重要工作

五、自主學習

圖2-25(5)

| 1 | 2 | 雙向並進 |
| 自主、自律學習 | 公司內部學習 | |

六、成立「日產學習中心」（NISSAN Learning Center），下轄3個研修組織

圖2-25(6)

1 日產技術學院　+　2 日產現場管理 school（學校）　+　3 日產工程師 school（學校）

七、全球化共通基盤較高計劃推進

圖2-25(7)

Global Training Program

個案 25

日產（NISSAN）汽車公司

八、訓練中心

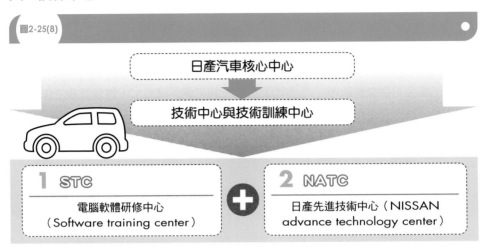

圖2-25(8)

日產汽車核心中心

技術中心與技術訓練中心

1 STC
電腦軟體研修中心
（Software training center）

2 NATC
日產先進技術中心（NISSAN advance technology center）

九、管理

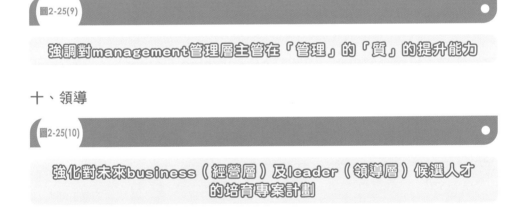

圖2-25(9)

強調對management管理層主管在「管理」的「質」的提升能力

十、領導

圖2-25(10)

強化對未來business（經營層）及leader（領導層）候選人才的培育專案計劃

十一、日產人才育成成績

圖2-25(11)

1. 每年受訓總人數　39萬人次
2. 每年受訓總時間　32萬小時
3. 平均每人受訓時間　14小時
4. 受訓滿意度調查　4.2分　（5分為滿分）
5. 平均每人投資　6.7萬日圓

個案 26　無印良品公司
（日本第1大生活雜貨品公司）

一、無印良品所需求的人才特質

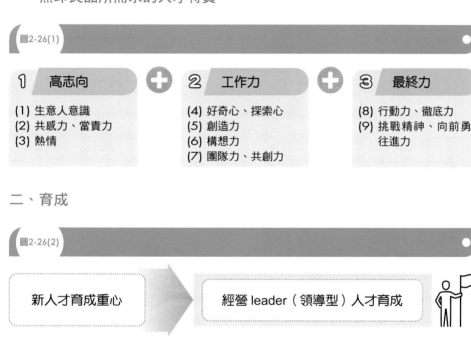

圖2-26(1)

1　高志向
(1) 生意人意識
(2) 共感力、當責力
(3) 熱情

➕

2　工作力
(4) 好奇心、探索心
(5) 創造力
(6) 構想力
(7) 團隊力、共創力

➕

3　最終力
(8) 行動力、徹底力
(9) 挑戰精神、向前勇往進力

二、育成

圖2-26(2)

新人才育成重心　➡　經營 leader（領導型）人才育成

三、組織

圖2-26(3)

塑造一個員工參與感很高的組織體　➡　才會有成果、績效最大化的組織

四、人才育成6大支柱

圖2-26(4)

1
公司理念及價值觀，加以具體化的志向

2
多樣化員工個性發揮，及員工自律、自發行動，形成好的企業

3
員工身心健康及安心工作的職場環境推進

4
個人與組織成果最大化的各級領導人才育成與配置

5
加強支援員工教育研修體系

6
員工每個人參與意識及挑戰意願的人事制度構築

五、進修

圖2-26(5)

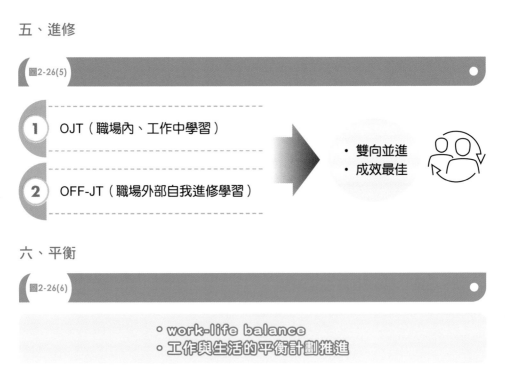

1 OJT（職場內、工作中學習）

2 OFF-JT（職場外部自我進修學習）

・雙向並進
・成效最佳

六、平衡

圖2-26(6)

○ work-life balance
○ 工作與生活的平衡計劃推進

七、人才戰略的2大主題

圖2-26(7)

1 每年 100 名新店長培育

(1) 2030年前，全日本每年要拓店100家，預計需要每年100名新店長，以及每年20名地區性督導經理

2 組織文化的改革、再造推進

(1) 把員工自己當做公司的共同經營者的自覺、自律、自發、熱情、活躍的展現
(2) 以役員（董事）、部長（副總經理）、課長（經理）為主力對象推動

八、短期重要人資工作有3項

圖2-26(8)

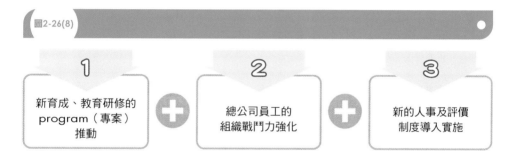

1 新育成、教育研修的 program（專案）推動

2 總公司員工的組織戰鬥力強化

3 新的人事及評價制度導入實施

個案 26

無印良品公司

個案 27　Seven&i 控股公司（日本 7-11）
（日本第 1 大超商公司）

一、日本7-11營運數字

圖2-27(1)

1	全球19個國家有7-11公司	**6**	集團合併年營收額：11.8兆日圓
2	全球8.5萬店	**7**	合併營業淨利額：5,000億日圓
3	日本2.3萬店	**8**	自有品牌年營收額：1.4兆日圓
4	集團員工：16.7萬人	**9**	年營收10億日圓以上品項：286個
5	每天來客數：6,000萬人		

二、人才

圖2-27(2)

人才 ➡ 是零售業最重要基盤

三、7-11公司新設立「變革長」（CTO）

圖2-27(3)

・變革長
・Chief Transformation Officer（CTO）

推動日本7-11新店型、新商品、新員工、新組織的變革及進步

四、對7-11加盟店的3大領域管理

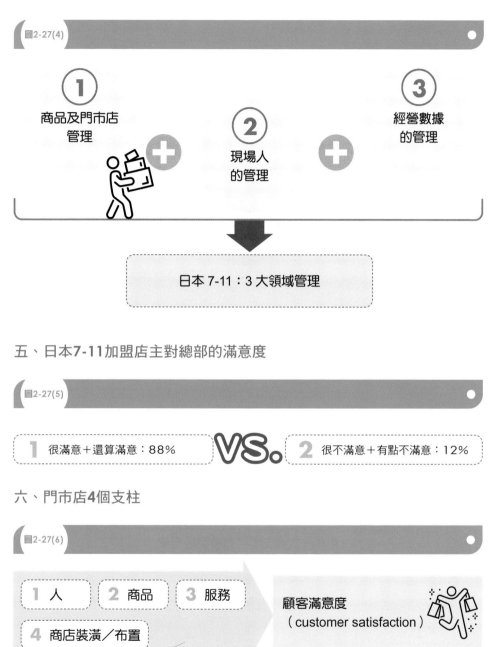

圖2-27(4)

1 商品及門市店管理 **+** **2** 現場人的管理 **+** **3** 經營數據的管理

日本 7-11：3 大領域管理

五、日本7-11加盟店主對總部的滿意度

圖2-27(5)

1 很滿意＋還算滿意：88% VS. **2** 很不滿意＋有點不滿意：12%

六、門市店4個支柱

圖2-27(6)

1 人　**2** 商品　**3** 服務

4 商店裝潢／布置

顧客滿意度
（customer satisfaction）

七、日本7-11全方位能力

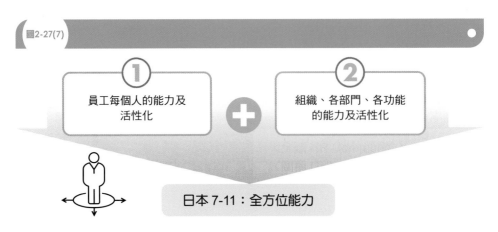

圖2-27(7)

① 員工每個人的能力及活性化

② 組織、各部門、各功能的能力及活性化

日本 7-11：全方位能力

八、多樣化

圖2-27(8)

多樣化人才引進、活用 → 公司營運更加多樣化、多元化及活躍化

九、日本7-11對員工參與感調查

　　每年會定期一次實施，提升員工對公司的一體感、認同感、貢獻感、主動積極感等。

圖2-27(9)

每年一次員工對公司參與感調查

提升4感

1	2	3	4
一體感	認同感	貢獻感	主動積極感

十、日本7-11公司理念

圖2-27(10)

信賴 + 誠實

十一、重視

圖2-27(11)

重視組織全體員工的健康經營

Seven&i控股公司（日本7-11）

個案 28　資生堂公司
（日本第1大化妝保養品公司）

一、人資管理主要作為

圖2-28(1)

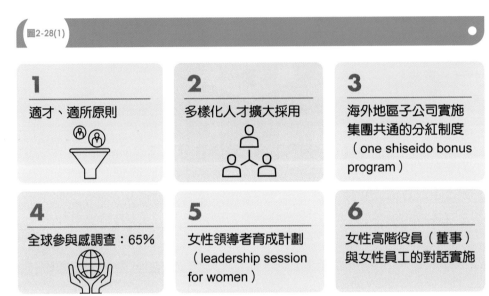

1

適才、適所原則

2

多樣化人才擴大採用

3

海外地區子公司實施集團共通的分紅制度（one shiseido bonus program）

4

全球參與感調查：65%

5

女性領導者育成計劃（leadership session for women）

6

女性高階役員（董事）與女性員工的對話實施

二、女性管理職比例

圖2-28(2)

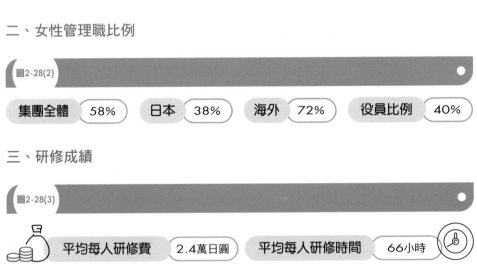

集團全體　58%　　日本　38%　　海外　72%　　役員比例　40%

三、研修成績

圖2-28(3)

平均每人研修費　2.4萬日圓　　平均每人研修時間　66小時

四、人才2大方向推進

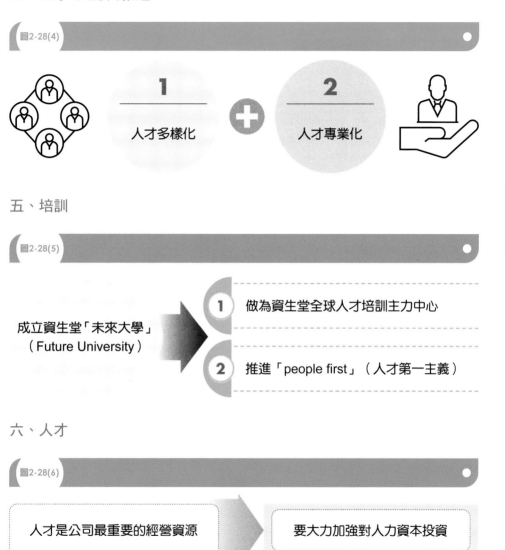

圖2-28(4)

1 人才多樣化 **+** **2** 人才專業化

五、培訓

圖2-28(5)

成立資生堂「未來大學」
（Future University）

1 做為資生堂全球人才培訓主力中心

2 推進「people first」（人才第一主義）

六、人才

圖2-28(6)

人才是公司最重要的經營資源 → 要大力加強對人力資本投資

七、資生堂3大優先領域的投資

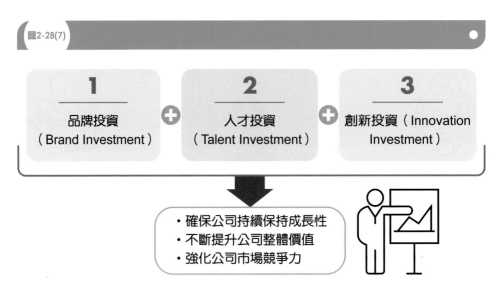

圖2-28(7)

| **1** 品牌投資（Brand Investment） | ＋ | **2** 人才投資（Talent Investment） | ＋ | **3** 創新投資（Innovation Investment） |

・確保公司持續保持成長性
・不斷提升公司整體價值
・強化公司市場競爭力

八、實踐企業使命的slogan

圖2-28(8)

Beauty innovation for a better world.
（為一個更美好世界，而美麗創新。）

個案 29　三菱商事公司（日本第 2 大商社）

一、日本三菱商事為日本前五大商社之一

　　日本前五大商社包括：伊藤忠、三菱、三井、丸紅、住友等為日本最知名／最大的五大商社。

二、企業有6個資本項目

圖2-29(1)

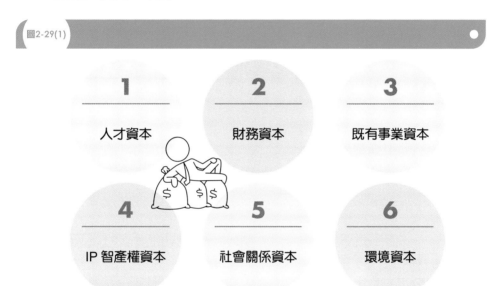

1 人才資本

2 財務資本

3 既有事業資本

4 IP 智產權資本

5 社會關係資本

6 環境資本

三、「人才資本」是三菱商事集團價值創出的最大源泉

四、要打造出多樣化、多彩、多才能的人才團隊

五、人才戰略要能對應出經營戰略所需求及活用

六、要追求

圖2-29(2)

對人才資本價值最大化

七、人才資本的4項特質：

圖2-29(3)

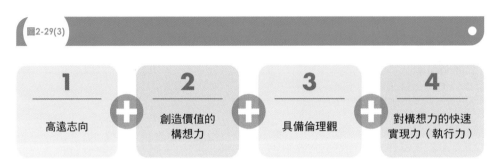

1	2	3	4
高遠志向	創造價值的構想力	具備倫理觀	對構想力的快速實現力（執行力）

八、人才戰略架構圖示

圖2-29(4)

（一）**人才資本投資**　　（二）**人事政策及計劃的推進**

1. 多樣化人才的確保
2. 對具競爭力的人才投資
   (1) 人才育成、開發
   (2) 人才成長機會及支援
   (3) 人才報酬、福利
   (4) 人才採用及留才（retention）

1. 中期經營戰略下的年度人事政策及計劃
   (1) 人才、組織戰略執行力推進上升
   (2) 人才參與度提升

人才資本的價值創出

九、人才資本價值最大化的整體體系

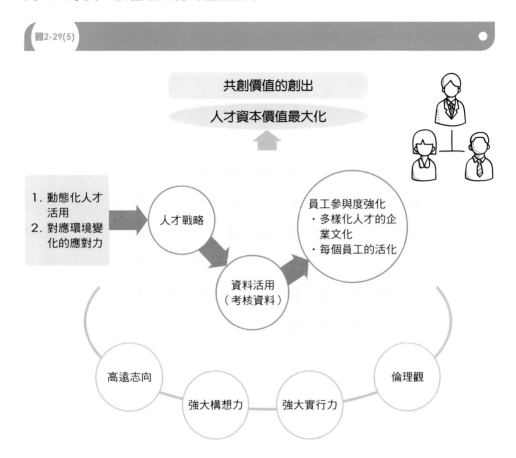

圖2-29(5)

共創價值的創出

人才資本價值最大化

1. 動態化人才活用
2. 對應環境變化的應對力

人才戰略

資料活用（考核資料）

員工參與度強化
・多樣化人才的企業文化
・每個員工的活化

高遠志向

強大構想力

強大實行力

倫理觀

個案 29

三菱商事公司

十、本集團在全球化的人才布局狀況

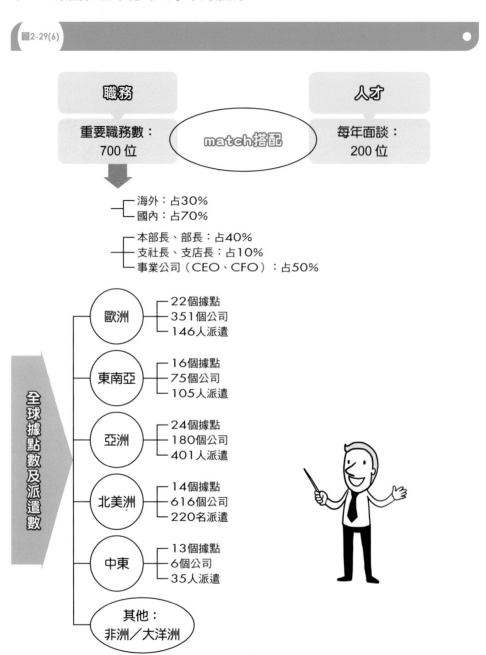

圖2-29(6)

職務	match搭配	人才
重要職務數：700 位		每年面談：200 位

- 海外：占30%
- 國內：占70%

- 本部長、部長：占40%
- 支社長、支店長：占10%
- 事業公司（CEO、CFO）：占50%

全球據點數及派遣數

歐洲
- 22個據點
- 351個公司
- 146人派遣

東南亞
- 16個據點
- 75個公司
- 105人派遣

亞洲
- 24個據點
- 180個公司
- 401人派遣

北美洲
- 14個據點
- 616個公司
- 220名派遣

中東
- 13個據點
- 6個公司
- 35人派遣

其他：非洲／大洋洲

十一、　對女性管理層提拔的推進

十二、　加強健康經營增進（well-being）宣言

十三、　落實勞動安全確保，減少職業傷害

十四、　加強與員工成長對話及回饋推動

十五、　對組織文化每年調查，全體員工對公司肯定度達76％

十六、　加強支援員工成長需求

個案
29

三菱商事公司

個案 30　永旺零售集團
（日本第 1 大零售集團）

一、訓練4大支柱

圖2-30(1)

永旺（AEON）
零售集團訓練
4 支柱

1　高階經營者人才養成訓練

2　全球化及在地人才養成訓練

3　各專業、各功能人才訓練

4　新人、年輕人基礎訓練

二、做好人資2大原則

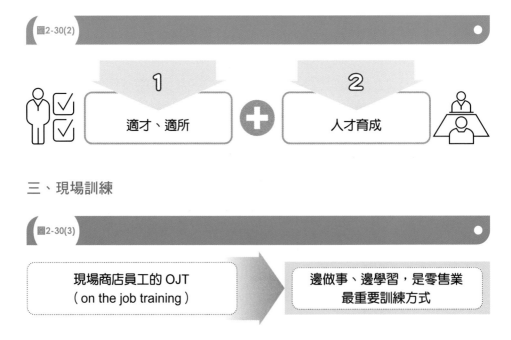

圖2-30(2)

1
適才、適所

＋

2
人才育成

三、現場訓練

圖2-30(3)

現場商店員工的 OJT
（on the job training）

邊做事、邊學習，是零售業
最重要訓練方式

個案 31　大金冷氣
（日本第 1 大冷氣機公司）

一、大金的**4種重要人才訓練計劃**

圖2-31(1)

日本大金
4 種重要
人才訓練

1 「新任高階役員」（董事）育成計劃（以役員為對象）

2 「經營幹部育成塾」育成計劃（以事業部長、幕僚部長為對象）

3 「次世代領導幹部育成塾」計劃（以課長級為對象）

4 大金「全球Executive經營層幹部育成塾」計劃（以海外子公司高階幹部為對象）

二、成立「大金情報技術大學」

圖2-31(2)

大金情報
技術大學

1 傳授：AI技術、數位化、IoT網路、抗菌／抗病毒、變頻升級等最新知識

2 採PBL方式學習（Project Based Learning）（專案目標為基礎的培訓）

3 傳授：對產品及事業開發的最新知識與技術的學習

三、本集團人才戰略理念

圖2-31(3)

每個員工成長、進步的總和 ➡ 就是本集團永續發展的最重要基盤

每個員工都強大 ➡ 即可大幅提升本集團的總合實力及對外競爭力

四、人才多樣化推進管理

圖2-31(4)

人才多樣化、多元化、多彩化、多功能化、多國籍化、多技能化 ➡ 加強人才多樣化管理推進體系

五、人才多樣化的6化達成目標

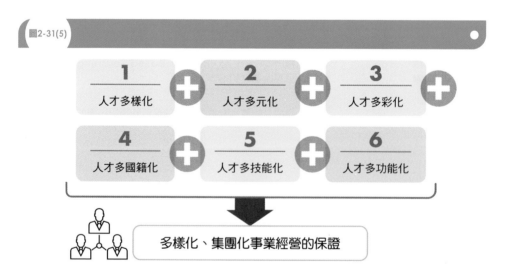

圖2-31(5)

1 人才多樣化 ＋ 2 人才多元化 ＋ 3 人才多彩化 ＋

4 人才多國籍化 ＋ 5 人才多技能化 ＋ 6 人才多功能化

多樣化、集團化事業經營的保證

六、人才

圖2-31(6)

人才，是集團全球化經營的基軸

七、大金員工

圖2-31(7)

- 大金全球員工 8.8 萬人
- 80%人才，在海外各據點工作

→

- 是一個真正全球化企業集團
- 海外業績占全公司業績的 70%之高

個案
31

大金冷氣

個案 32　SONY 公司
（日本第1大多角化經營集團）

一、日本SONY公司的研修架構

圖2-32(1)

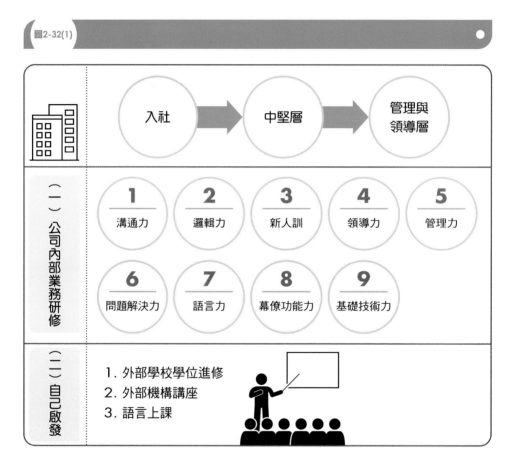

（一）公司內部業務研修

| 入社 | ➔ | 中堅層 | ➔ | 管理與領導層 |

1 溝通力
2 邏輯力
3 新人訓
4 領導力
5 管理力

6 問題解決力
7 語言力
8 幕僚功能力
9 基礎技術力

（二）自己啟發

1. 外部學校學位進修
2. 外部機構講座
3. 語言上課

二、提案

圖2-32(2)

已有 14 個新創事業產生出來　➔　推動新創事業創意提案計劃

三、進修

圖2-32(3)

公司贊助 → 日本國內及海外優良大學及研究所進修課程及學位

四、建構

圖2-32(4)

建構完善、全方位 e-learning 課程 → 員工可隨時上網查詢、了解及學習

五、培育

圖2-32(5)

設立 SONY University
（SONY 內部大學） → 培育各種階層的人才

個案 33　丸紅商社
（日本大型商社）

一、「丸紅集團人才生態系統的推進」架構圖

圖2-33(1)

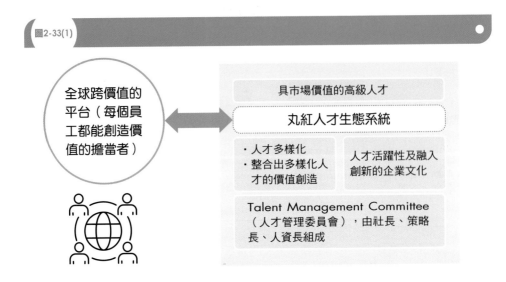

二、丸紅商社人事制度及施策項目

圖2-33(2)

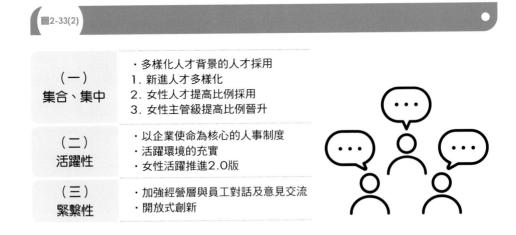

三、丸紅商社年度人事實績

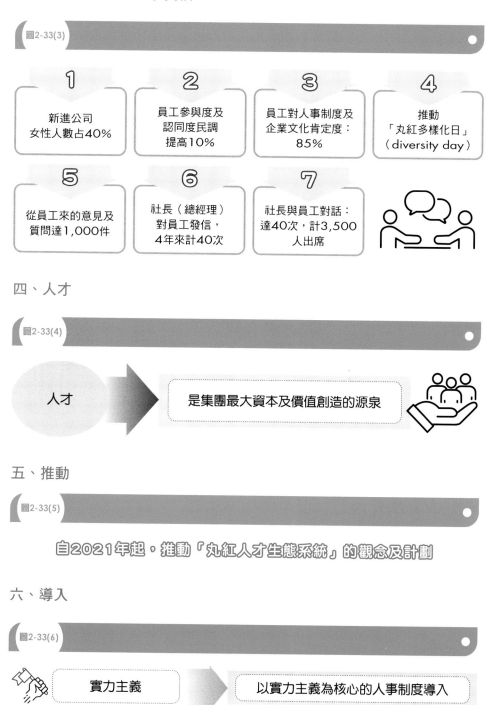

圖2-33(3)

1
新進公司
女性人數占40%

2
員工參與度及
認同度民調
提高10%

3
員工對人事制度及
企業文化肯定度：
85%

4
推動
「丸紅多樣化日」
（diversity day）

5
從員工來的意見及
質問達1,000件

6
社長（總經理）
對員工發信，
4年來計40次

7
社長與員工對話：
達40次，計3,500
人出席

四、人才

圖2-33(4)

人才 ➤ 是集團最大資本及價值創造的源泉

五、推動

圖2-33(5)

自2021年起，推動「丸紅人才生態系統」的觀念及計劃

六、導入

圖2-33(6)

實力主義 ➤ 以實力主義為核心的人事制度導入

七、人才評價體系

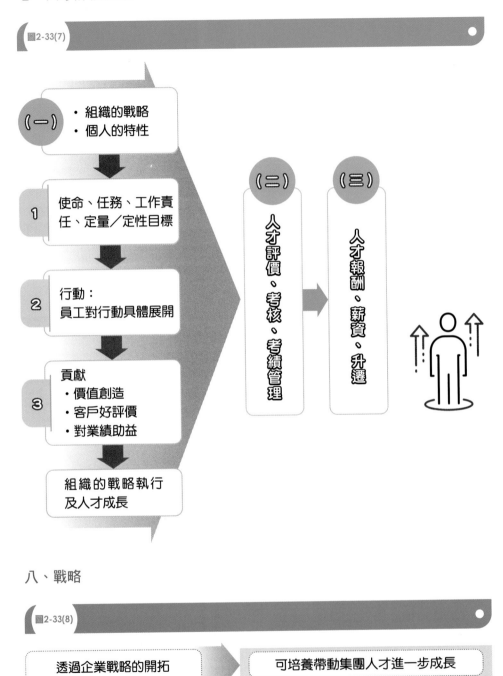

圖2-33(7)

（一）
- 組織的戰略
- 個人的特性

1 使命、任務、工作責任、定量／定性目標

2 行動：
員工對行動具體展開

3 貢獻
- 價值創造
- 客戶好評價
- 對業績助益

組織的戰略執行及人才成長

（二） 人才評價、考核、考績管理

（三） 人才報酬、薪資、升遷

八、戰略

圖2-33(8)

透過企業戰略的開拓　→　可培養帶動集團人才進一步成長

九、健康經營

圖2-33(9)

對「員工健康經營」的進一步推動

十、加強「女性活躍及成長」計劃的推進

圖2-33(10)

1 新人採用女性比例提高 + 2 管理級主管晉升女性比例提高 + 3 配置的調整

十一、加強每年社長與員工對話的次數

社長發出e-mail給全體員工，告知員工並使其對公司營運現況更了解。

十二、協作

圖2-33(11)

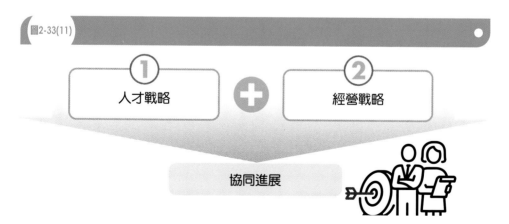

1 人才戰略 + 2 經營戰略

協同進展

丸紅商社

十三、工作環境的充實改善項目，如下圖示

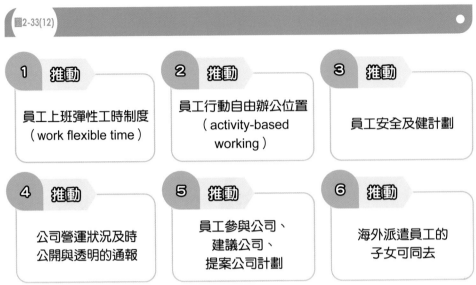

圖2-33(12)

1 推動
員工上班彈性工時制度
（work flexible time）

2 推動
員工行動自由辦公位置
（activity-based
working）

3 推動
員工安全及健計劃

4 推動
公司營運狀況及時
公開與透明的通報

5 推動
員工參與公司、
建議公司、
提案公司計劃

6 推動
海外派遣員工的
子女可同去

十四、成立

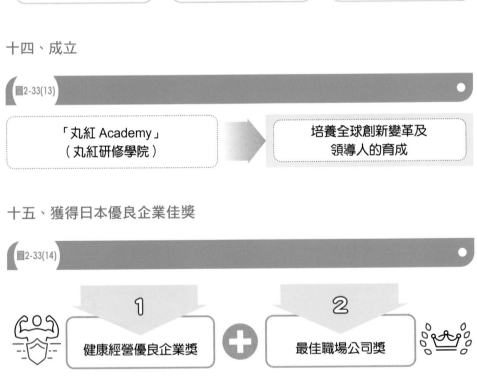

圖2-33(13)

「丸紅 Academy」
（丸紅研修學院）

培養全球創新變革及
領導人的育成

十五、獲得日本優良企業佳獎

圖2-33(14)

1 健康經營優良企業獎

＋

2 最佳職場公司獎

個案 34　生命保險公司
（日本第 1 大壽險公司）

一、整體企業經營與人才戰略架構圖示

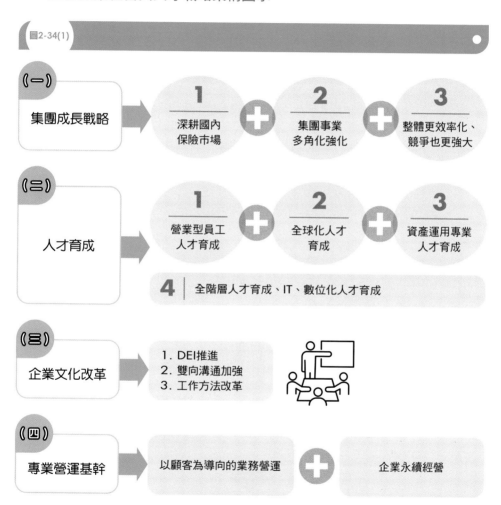

圖2-34(1)

（一）集團成長戰略
1 深耕國內保險市場 ➕ 2 集團事業多角化強化 ➕ 3 整體更效率化、競爭也更強大

（二）人才育成
1 營業型員工人才育成 ➕ 2 全球化人才育成 ➕ 3 資產運用專業人才育成
4 全階層人才育成、IT、數位化人才育成

（三）企業文化改革
1. DEI推進
2. 雙向溝通加強
3. 工作方法改革

（四）專業營運基幹
以顧客為導向的業務營運 ➕ 企業永續經營

二、公司經營信條

圖2-34(2)

① 信念 ✚ **②** 誠實 ✚ **③** 能力

三、自律

圖2-34(3)

員工「自律性」、「自我成長」的人才育成

四、3種經營資本的關係

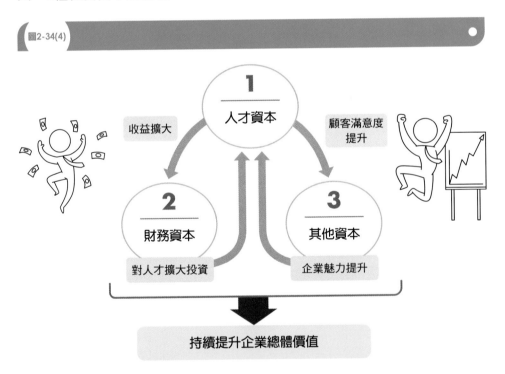

圖2-34(4)

1 人才資本

收益擴大

顧客滿意度提升

2 財務資本

3 其他資本

對人才擴大投資

企業魅力提升

持續提升企業總體價值

五、人才價值提升的project（計劃）整體圖示

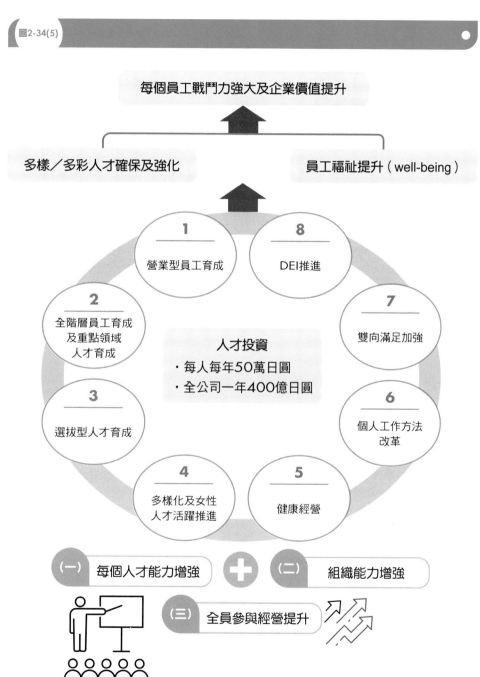

圖2-34(5)

每個員工戰鬥力強大及企業價值提升

多樣／多彩人才確保及強化　　員工福祉提升（well-being）

1 營業型員工育成

8 DEI推進

2 全階層員工育成及重點領域人才育成

7 雙向滿足加強

人才投資
・每人每年50萬日圓
・全公司一年400億日圓

3 選拔型人才育成

6 個人工作方法改革

4 多樣化及女性人才活躍推進

5 健康經營

（一）每個人才能力增強　＋　（二）組織能力增強

（三）全員參與經營提升

六、人才研修育成體系圖

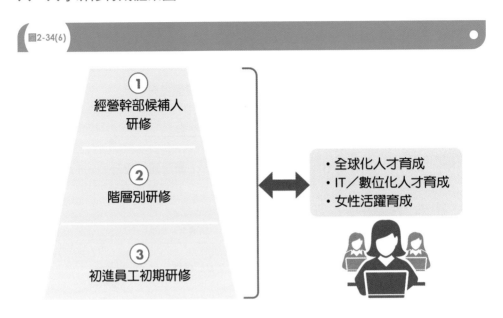

圖2-34(6)

① 經營幹部候補人研修

② 階層別研修

③ 初進員工初期研修

・全球化人才育成
・IT／數位化人才育成
・女性活躍育成

七、人才資本的**3**個重要性

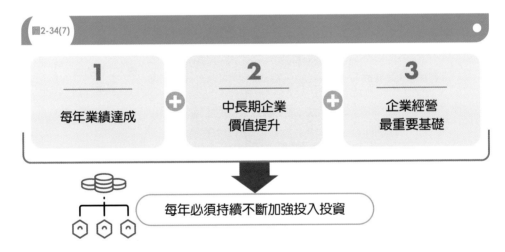

圖2-34(7)

1
每年業績達成

2
中長期企業
價值提升

3
企業經營
最重要基礎

每年必須持續不斷加強投入投資

八、企業必須做好4大戰略因應

圖2-34(8)

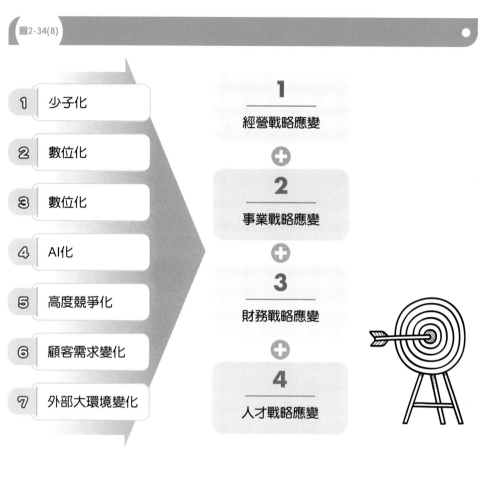

1 少子化

2 數位化

3 數位化

4 AI化

5 高度競爭化

6 顧客需求變化

7 外部大環境變化

1
經營戰略應變

➕

2
事業戰略應變

➕

3
財務戰略應變

➕

4
人才戰略應變

九、導入

圖2-34(9)

「人才管理系統」（talent management system）
的全方位人資運作

個案
34

生命保險公司

十、研修

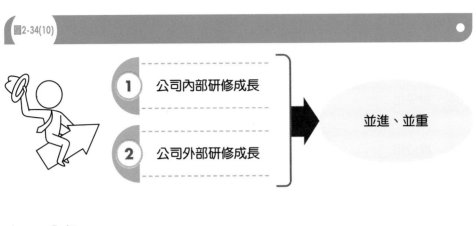

圖2-34(10)

1 公司內部研修成長

2 公司外部研修成長

並進、並重

十一、內部

圖2-34(11)

公司內部 e-learning 系統 → 自我學習成長

十二、員工個人工作方法改革

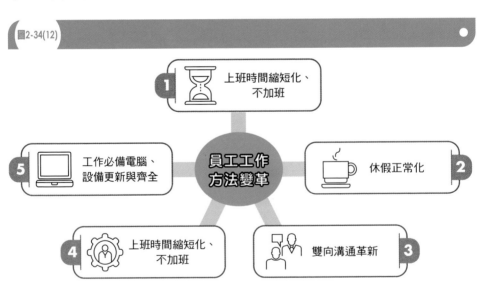

圖2-34(12)

員工工作方法變革

1 上班時間縮短化、不加班

2 休假正常化

3 雙向溝通革新

4 上班時間縮短化、不加班

5 工作必備電腦、設備更新與齊全

個案 35　豐田通商商社公司（日本大型商社）

一、團隊

圖2-35(1)

豐田通商集團之道

1　team power（團隊力量）

2　現地、現物、現實管理

二、人資2大重點

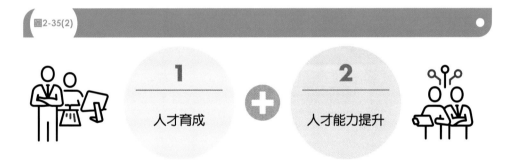

圖2-35(2)

1
人才育成

＋

2
人才能力提升

三、事業

圖2-35(3)

事業創造

事業經營

取決於人才育成的成果

四、研修教育program（計劃）的3大主軸構成

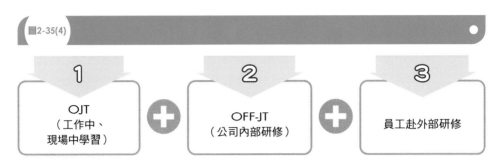

圖2-35(4)

1　OJT（工作中、現場中學習）➕ 2　OFF-JT（公司內部研修）➕ 3　員工赴外部研修

五、員工的生涯規劃

圖2-35(5)

每年每位員工必須檢討自己未來的生涯規劃 ➡ 與直屬長官1對1面談溝通

六、內部

圖2-35(6)

公司內部導入e-learning線上自我研習課程，以尋求自我成長

五、員工的生涯規劃

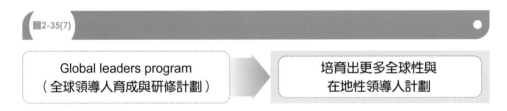

圖2-35(7)

Global leaders program（全球領導人育成與研修計劃）➡ 培育出更多全球性與在地性領導人計劃

八、儲備

圖2-35(8)

CEO 儲備領導人研修／育成計劃 ➜ 國內外子公司有 800 家之多

九、人才資本的ROI（投資報酬率）公式

圖2-35(9)

$$\frac{營業淨利額（每年）}{人才資本成本（每年）} ➜ \frac{40 億元獲利}{10 億元成本} = 4 倍$$

合理 ROI 在 3 倍～ 4 倍之間

十、多樣

圖2-35(10)

多樣化人才活躍計劃推動

十一、人資

圖2-35(11)

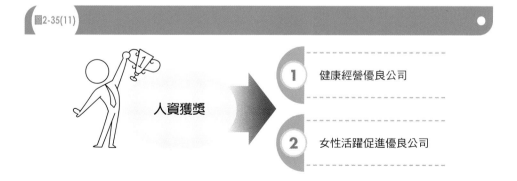

人資獲獎

1　健康經營優良公司

2　女性活躍促進優良公司

個案 35

豐田通商商社公司

十二、人才

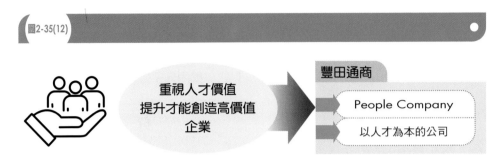

圖2-35(12)

重視人才價值
提升才能創造高價值
企業

豐田通商

People Company

以人才為本的公司

十三、經營戰略實現的2大基盤

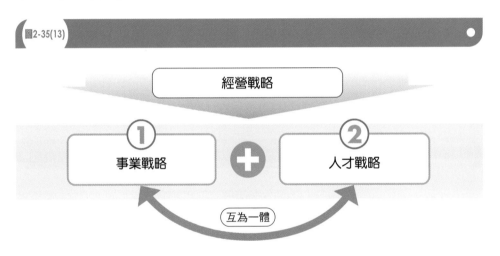

圖2-35(13)

經營戰略

① 事業戰略　＋　② 人才戰略

互為一體

十四、人才資本發揮3大基石

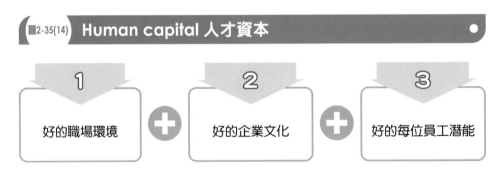

圖2-35(14)　**Human capital 人才資本**

1 好的職場環境　＋　2 好的企業文化　＋　3 好的每位員工潛能

十五、人事戰略整體架構

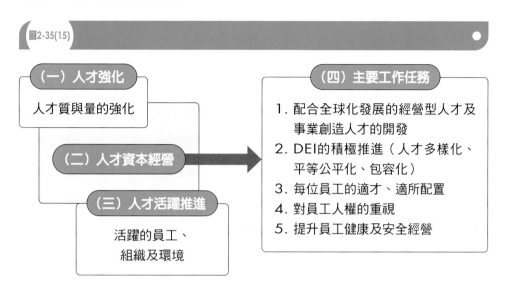

圖2-35(15)

（一）人才強化

人才質與量的強化

（二）人才資本經營

（三）人才活躍推進

活躍的員工、
組織及環境

（四）主要工作任務

1. 配合全球化發展的經營型人才及
   事業創造人才的開發
2. DEI的積極推進（人才多樣化、
   平等公平化、包容化）
3. 每位員工的適才、適所配置
4. 對員工人權的重視
5. 提升員工健康及安全經營

個案
35

豐田通商商社公司

個案 36　SUGI 藥妝連鎖店 （日本大型連鎖藥妝店）

一、人才戰略架構

圖2-36(1)

①
人才育成
· 適才、適所、正確配置
· 理念教育
· 現場力強化訓練

②
人才確保
· 藥劑師確保
· 專業人員確保
· 好人才的retention （留住）加強

③
員工活躍性
· 人事制度改革
· 專業職人事制度

④
人才多樣化
· 人才多元、多彩化
· 女性管理職育成
· 減少過長時間工作

⑤
健康、安全
· 員工健檢
· 工作中安全及災害預防

⑥
人才育成
· 高階主管外出店巡
· 提案制度加強

人才是重要資產

二、人才戰略必須配合4項

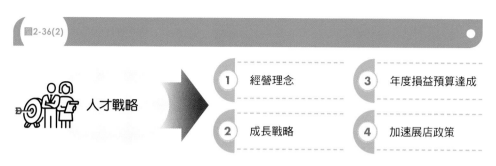

圖2-36(2)

人才戰略

1 經營理念

2 成長戰略

3 年度損益預算達成

4 加速展店政策

三、加強

圖2-36(3)

加強對優良員工表揚：今年450件

四、教育訓練的3種類

圖2-36(4)

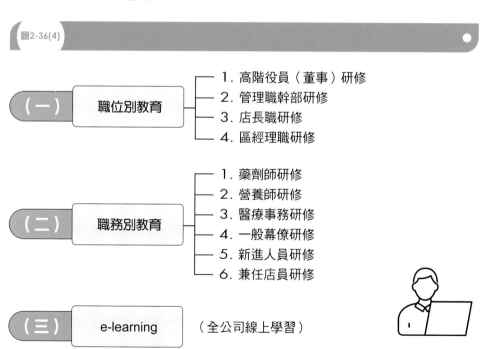

（一） 職位別教育
- 1. 高階役員（董事）研修
- 2. 管理職幹部研修
- 3. 店長職研修
- 4. 區經理職研修

（二） 職務別教育
- 1. 藥劑師研修
- 2. 營養師研修
- 3. 醫療事務研修
- 4. 一般幕僚研修
- 5. 新進人員研修
- 6. 兼任店員研修

（三） e-learning　（全公司線上學習）

個案 37　FamilyMart 超商 （日本第 2 大超商）

一、人資戰略整體架構

圖2-37(1)

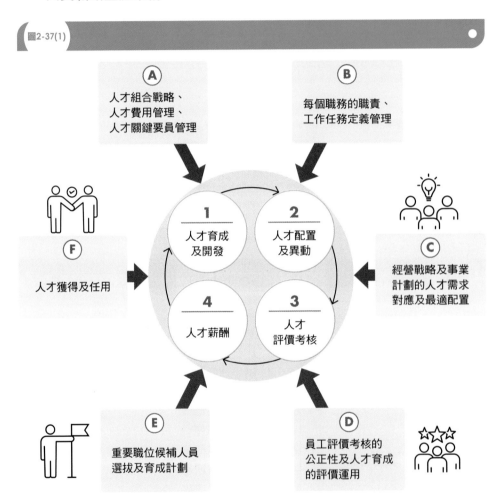

A 人才組合戰略、人才費用管理、人才關鍵要員管理

B 每個職務的職責、工作任務定義管理

F 人才獲得及任用

C 經營戰略及事業計劃的人才需求對應及最適配置

1 人才育成及開發

2 人才配置及異動

4 人才薪酬

3 人才評價考核

E 重要職位候補人員選拔及育成計劃

D 員工評價考核的公正性及人才育成的評價運用

二、新進員工的成長支援體制

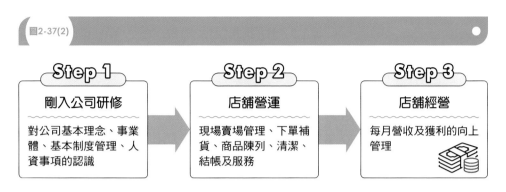

圖2-37(2)

Step 1
剛入公司研修
對公司基本理念、事業體、基本制度管理、人資事項的認識

Step 2
店舖營運
現場賣場管理、下單補貨、商品陳列、清潔、結帳及服務

Step 3
店舖經營
每月營收及獲利的向上管理

三、人才育成研修2大類

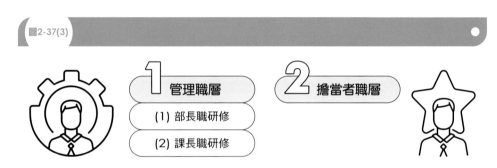

圖2-37(3)

1 管理職層
(1) 部長職研修
(2) 課長職研修

2 擔當者職層

四、持續成長的實現條件

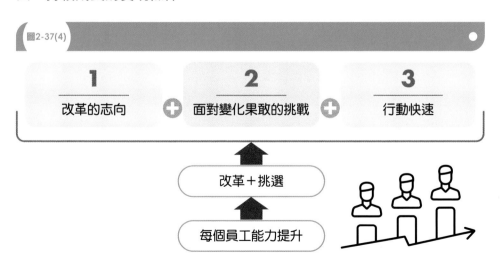

圖2-37(4)

1 改革的志向 ➕ **2** 面對變化果敢的挑戰 ➕ **3** 行動快速

改革＋挑選

每個員工能力提升

個案 37

FamilyMart超商

五、員工評價／考核的2大類

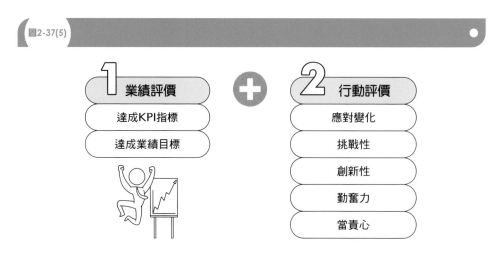

圖2-37(5)

```
1  業績評價          ➕    2  行動評價
   達成KPI指標                應對變化
   達成業績目標                挑戰性
                            創新性
                            勤奮力
                            當責心
```

六、推動「未來leader（領導人）年輕化」專案計劃

個案 38　龜甲萬食品公司（日本第 1 大醬油公司）

一、人事全面性系統圖示

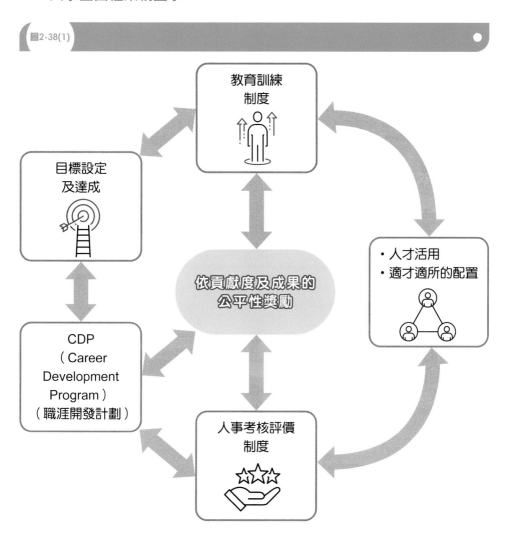

圖2-38(1)

二、研修program（計劃）區分4種類

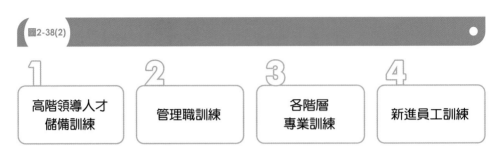

圖2-38(2)

1	2	3	4
高階領導人才儲備訓練	管理職訓練	各階層專業訓練	新進員工訓練

三、中長期經營計劃的人才配合3件事

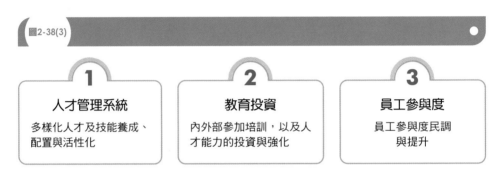

圖2-38(3)

1 人才管理系統
多樣化人才及技能養成、配置與活性化

2 教育投資
內外部參加培訓，以及人才能力的投資與強化

3 員工參與度
員工參與度民調與提升

四、經營4大類資源的活用

圖2-38(4)

1 財務資源
對將來事業拓展的所須投資資金

2 技術資源
支援未來事業及產品的科技能力

3 人才資本
・每個員工能力的成長及發揮
・人事制度的整備及改革

4 情報與資料
・數位化的變革
・數據資料的累積及活用

・企業新價值提升及創造的實現
・事業營運保持成長性

五、平衡

圖2-38(5)

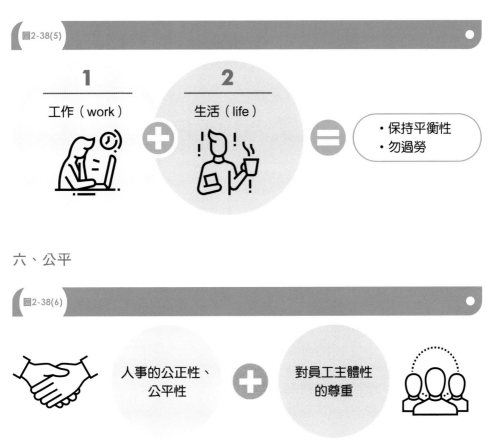

1

工作（work）

2

生活（life）

＋　＝

・保持平衡性
・勿過勞

六、公平

圖2-38(6)

人事的公正性、
公平性

＋

對員工主體性
的尊重

七、組織

圖2-38(7)

強調整個「組織能力」的再提升及再發揮

Organizational Capability

個案
38

龜甲萬食品公司

個案 39　第一生命保險控股公司（日本第 2 大壽險公司）

一、集團成長原動力的4類經營基盤

圖2-39(1)

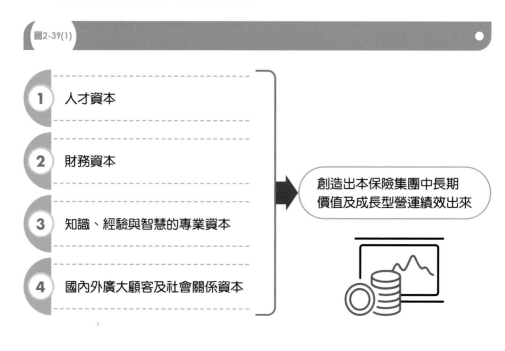

1 人才資本

2 財務資本

3 知識、經驗與智慧的專業資本

4 國內外廣大顧客及社會關係資本

創造出本保險集團中長期價值及成長型營運績效出來

二、人才研修2大重點

圖2-39(2)

1 經營 leader 候補研修人才

＋

2 次世代全球化人才研修

三、人才資本2大重點

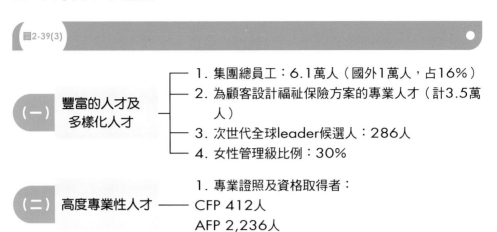

圖2-39(3)

(一) 豐富的人才及 多樣化人才
1. 集團總員工：6.1萬人（國外1萬人，占16%）
2. 為顧客設計福祉保險方案的專業人才（計3.5萬人）
3. 次世代全球leader候選人：286人
4. 女性管理級比例：30%

(二) 高度專業性人才
1. 專業證照及資格取得者：
   CFP 412人
   AFP 2,236人

第一生命保險控股公司

個案 40　三菱地所集團
（日本大型不動產公司）

一、整體架構

圖2-40(1)

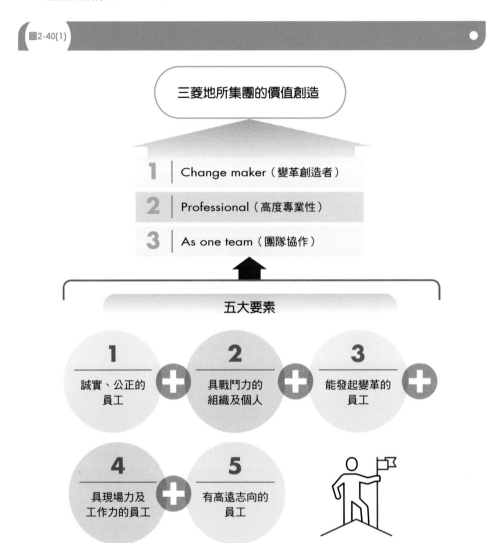

三菱地所集團的價值創造

1 | Change maker（變革創造者）

2 | Professional（高度專業性）

3 | As one team（團隊協作）

五大要素

1
誠實、公正的
員工
＋
2
具戰鬥力的
組織及個人
＋
3
能發起變革的
員工
＋

4
具現場力及
工作力的員工
＋
5
有高遠志向的
員工

二、研究

圖2-40(2)

加強推動員工能力強化的研修計劃

三、人才

圖2-40(3)

全球化人才（日本總公司＋海外子公司）的採用及育成計劃

個案 41　三菱化學集團
（日本第 1 大化學品公司）

一、高階經營leader（領導人）的要件

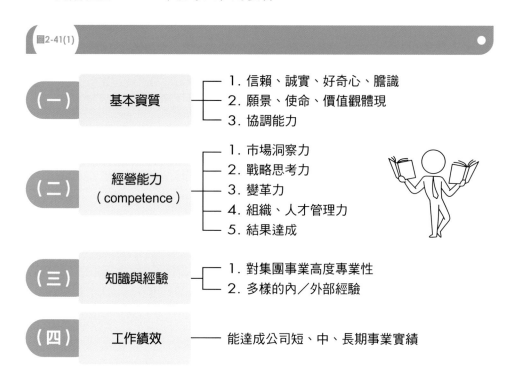

圖2-41(1)

（一）**基本資質**
- 1. 信賴、誠實、好奇心、膽識
- 2. 願景、使命、價值觀體現
- 3. 協調能力

（二）**經營能力（competence）**
- 1. 市場洞察力
- 2. 戰略思考力
- 3. 變革力
- 4. 組織、人才管理力
- 5. 結果達成

（三）**知識與經驗**
- 1. 對集團事業高度專業性
- 2. 多樣的內／外部經驗

（四）**工作績效**
- 能達成公司短、中、長期事業實績

二、重要人才的2種育成program（計劃）

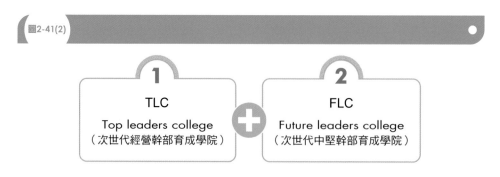

圖2-41(2)

1
TLC
Top leaders college
（次世代經營幹部育成學院）

＋

2
FLC
Future leaders college
（次世代中堅幹部育成學院）

三、提高工作誘因的環境整備2大方向

圖2-41(3)

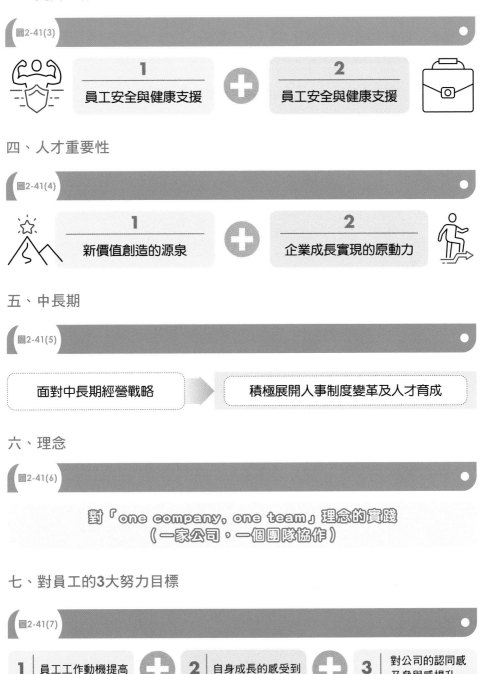

1	2
員工安全與健康支援	員工安全與健康支援

四、人才重要性

圖2-41(4)

1	2
新價值創造的源泉	企業成長實現的原動力

五、中長期

圖2-41(5)

面對中長期經營戰略	➡	積極展開人事制度變革及人才育成

六、理念

圖2-41(6)

對「one company, one team」理念的實踐
（一家公司，一個團隊協作）

七、對員工的3大努力目標

圖2-41(7)

1 員工工作動機提高	2 自身成長的感受到	3 對公司的認同感及參與感提升

個案 42 馬自達汽車公司
（日本第 4 大汽車公司）

一、馬自達汽車公司（Mazda Way）理念的7個指針要求

圖2-42(1)

| **1** 誠實 | **2** 厚道 | **3** 持續性改善 | **4** 挑戰高目標 |

| **5** 自發、自主行動力 | **6** 共同成長 | **7** 全球一個馬自達觀點 |

二、人才多樣化的成果

圖2-42(2)

| **1** 職場環境改善，員工滿意度提升 | **2** 顧客評價及顧客滿意度均提升 | **3** 產品改良及新車型創新成功 | **4** 生產效率、營業效率均雙雙提升 |

三、人

圖2-42(3)

馬自達汽車最大的經營資產 ➡ 是「人」

四、人才

圖2-42(4)

人才多樣化（Diversity） ➡ 人才不分人種、國籍、出身、性別、年齡、學歷、信仰、身分、而予以尊重及活用

個案 43　三井不動產公司
（日本大型不動產及建設公司）

一、人才戰略5大重點

圖2-43(1)

1　人才育成及技能向上提升

2　人才多樣化及包容性

3　多樣化的工作方法及價值觀

4　員工參與感向上提升（平均92%）

5　健康與安全經營

二、人事研修成果

圖2-43(2)

1　研修平均每人花費：13萬日圓

＋

2　平均每人每年研修時間：28小時

三、共同成長

圖2-43(3)

1　員工　＋　2　公司　➡　緊密結合，共同成長

四、海外

圖2-43(4)

海外事業飛躍的成長　➡　做好人才戰略的支援及配合

個案 44 東芝公司
（日本大型電機、電氣、電子公司）

一、當前集團人事3大重點工作

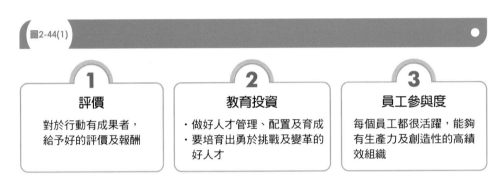

圖2-44(1)

1 評價
對於行動有成果者，給予好的評價及報酬

2 教育投資
· 做好人才管理、配置及育成
· 要培育出勇於挑戰及變革的好人才

3 員工參與度
每個員工都很活躍，能夠有生產力及創造性的高績效組織

二、推動「DEI」活動計劃

圖2-44(2)

D Diversity
（多樣化）
（多元化）

+

E Equity
（公平性、平等性）

+

I Inclusion
（包容心、共融性）

三、人才

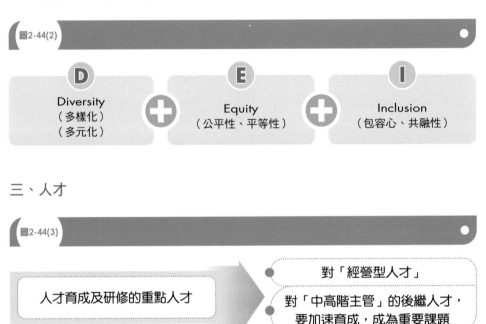

圖2-44(3)

人才育成及研修的重點人才

對「經營型人才」

對「中高階主管」的後繼人才，要加速育成，成為重要課題

四、女性

圖2-44(4)

女性管理職的比例，只有8％，仍待持續提高

五、人資

圖2-44(5)

人資部 | 每年要進行全員民調：員工對公司參與度、認同感比例

個案 44

東芝公司

個案 45　味之素公司（日本大型食品公司）

一、公司四大類資產價值

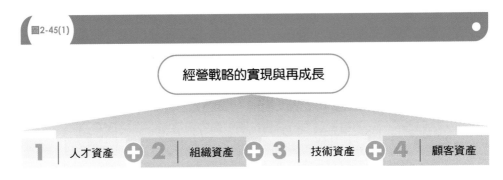

圖2-45(1)

經營戰略的實現與再成長

| 1 人才資產 | 2 組織資產 | 3 技術資產 | 4 顧客資產 |

二、人才資產強化的6大要素

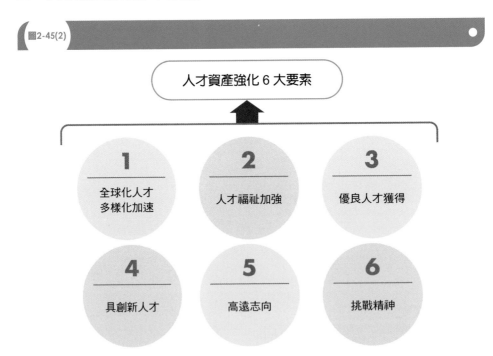

圖2-45(2)

人才資產強化 6 大要素

1 全球化人才多樣化加速

2 人才福祉加強

3 優良人才獲得

4 具創新人才

5 高遠志向

6 挑戰精神

個案 46　三菱重工集團
（日本第 1 大重工業公司）

一、人

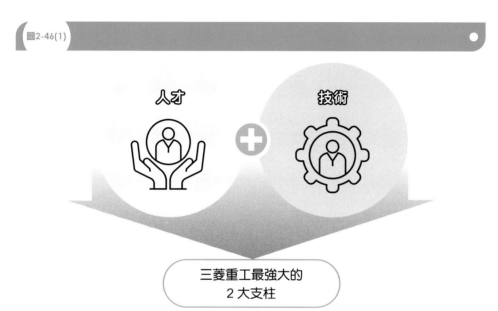

圖2-46(1)

人才　＋　技術

三菱重工最強大的
2 大支柱

二、本集團最重要的人才價值觀

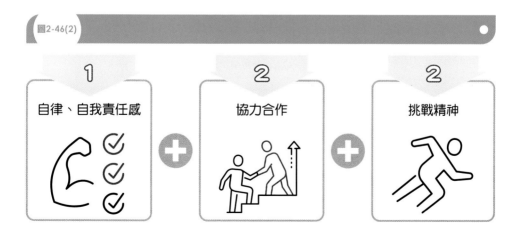

圖2-46(2)

1
自律、自我責任感

2
協力合作

2
挑戰精神

155

三、DEI持續推動

圖2-46(3)

D		E		I
Diversity（多樣化）（多元化）	➕	Equity（公平性、平等性）	➕	Inclusion（包容心、共融性）

四、潛力

圖2-46(4)

員工每人最大極限潛能發揮

五、人才育成3大責任來源

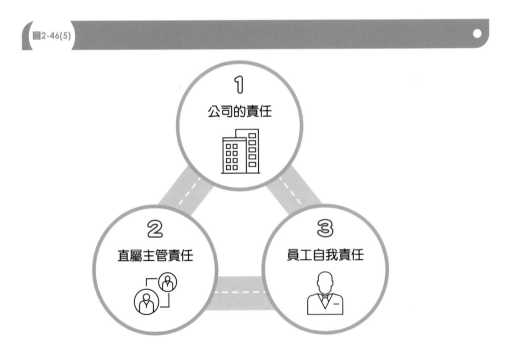

圖2-46(5)

1 公司的責任

2 直屬主管責任

3 員工自我責任

個案 47　東急不動產控股公司
（日本大型不動產及建設公司）

一、對員工的3大要求

圖2-47(1)

1	**2**	**3**
Challengeship	Ownership	Partnership
對新環境挑戰性	自己屬於公司的、認同公司的	自己是公司良好夥伴

二、公司在人資方面的3大改革

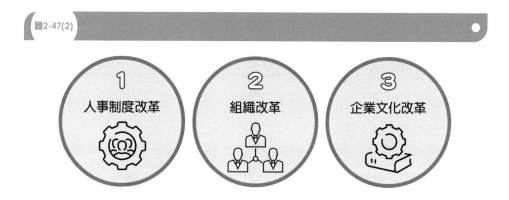

圖2-47(2)

1. 人事制度改革
2. 組織改革
3. 企業文化改革

三、人事具體的施策（計劃）

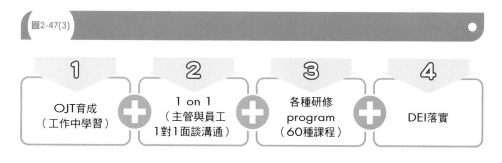

圖2-47(3)

1. OJT育成（工作中學習）
2. 1 on 1（主管與員工1對1面談溝通）
3. 各種研修program（60種課程）
4. DEI落實

四、人才戰略管理的**4**個步驟

圖2-47(4)

1確立	2訂定	3訂定	4檢討
人才戰略	施策 （執行計劃）	人事 KPI 指標 數字	每年實績 進步狀況

五、人才戰略面的**3**要點

圖2-47(5)

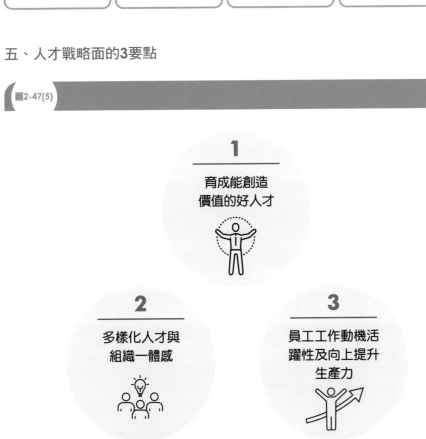

1
育成能創造
價值的好人才

2
多樣化人才與
組織一體感

3
員工工作動機活
躍性及向上提升
生產力

個案 48　野村貿易商社（日本大型商社）

一、人資2大重點

圖2-48(1)

人才活用的
再強化

教育訓練制度
再整備

二、本公司中長期經營計劃的5大重點

圖2-48(2)

中長期經營計劃

1
集團獲利
基盤穩固

2
往新事業
的挑戰

3
人才育成
及開發

4
生產力提升

5
經營
系統強化

變革＋挑戰

個案 49　雙日商社
（日本大型商社之一）

一、人才戰略推進的循環

圖2-49(1)

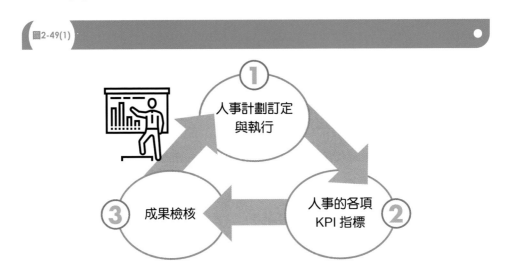

1. 人事計劃訂定與執行
2. 人事的各項 KPI 指標
3. 成果檢核

二、主要人事施策（計劃）項目

圖2-49(2)

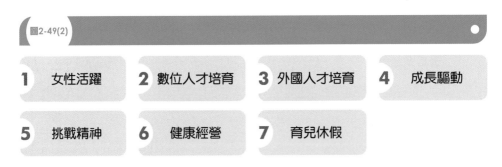

| 1 | 女性活躍 | 2 | 數位人才培育 | 3 | 外國人才培育 | 4 | 成長驅動 |

| 5 | 挑戰精神 | 6 | 健康經營 | 7 | 育兒休假 |

三、「個人」+「組織」雙成長推進

圖2-49(3)

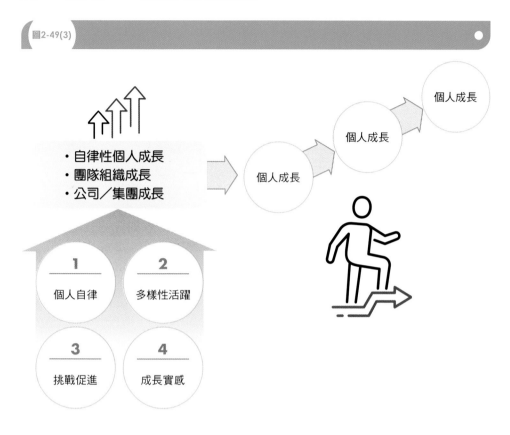

- ・自律性個人成長
- ・團隊組織成長
- ・公司／集團成長

1 個人自律

2 多樣性活躍

3 挑戰促進

4 成長實感

個人成長 → 個人成長 → 個人成長

四、集團的人才雙目標

圖2-49(4)

人才多樣化、多元化、多彩化 ＋ 員工個人自律性成長、能力提升

個案49

雙日商社

五、戰略

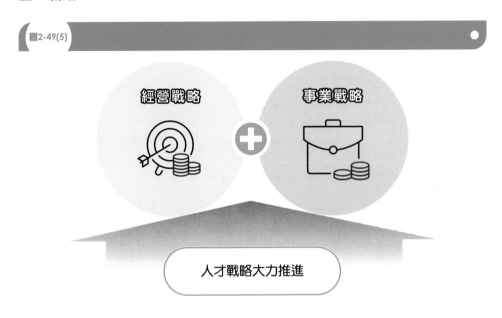

圖2-49(5)

經營戰略 ➕ 事業戰略

人才戰略大力推進

六、活用

圖2-49(6)

海外現地／在地人才的擴大活用

七、雙日人才研修育成的6種類

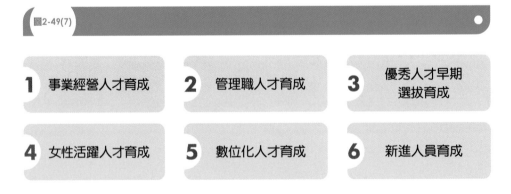

圖2-49(7)

1 事業經營人才育成

2 管理職人才育成

3 優秀人才早期選拔育成

4 女性活躍人才育成

5 數位化人才育成

6 新進人員育成

八、雙日每年的核心concept（觀念）

圖2-49(8)

2019	2020	2021	2022
發想力	執行力	共創力	熱情力

九、各項員工民調分數

圖2-49(9)

1 員工多樣化認同：**87%**

2 企業文化認可：**86%**

3 員工個人成長性：**86%**

十、傾聽

圖2-49(10)

從傾聽員工聲音中訂定年度人事施策（計劃）

十一、女性

圖2-49(11)

2030年時，女性員工占比目標：50%

個案 50　東急控股公司
（日本大型電車、零售、不動產等公司）

一、人才資本的執行計劃項目

圖2-50(1)

1	多樣且優秀人才的獲得採用及維持
2	經營型及領導型人才育成
3	員工參與度提升
4	員工健康經營
5	對員工人才的重視
6	員工個人化自律成長

二、成立「東急Academy」研修學院，育成3種中高階幹部人才

圖2-50(2)

❶	❷	❸
執行役員級（董事級）	部長級（副總經理）	管理職（經理級）

三、人才3重點

圖2-50(3)

| 1 | 活用 | ➕ | 2 | 育成 | ➕ | 3 | 支援 |

四、學習的process（過程）

圖2-50(4)

| 1 | 經驗 | ＋ | 2 | 內省 | ＋ | 3 | 學習 |

五、參與

圖2-50(5)

提升員工參與感 ▶ 直屬長官及高階主管與員工溝通及面談

六、人資成果

圖2-50(6)

平均年資 15 年 ＋ 員工離職率 2.3%，很低

個案 51　SUBARU（速霸陸）汽車公司
（日本第 5 大汽車公司）

一、人才培育的目標

圖2-51(1)

| 1 員工個人成長 | + | 2 整個組織成長 | 並進／並重 |

二、人才戰略整體架構圖示

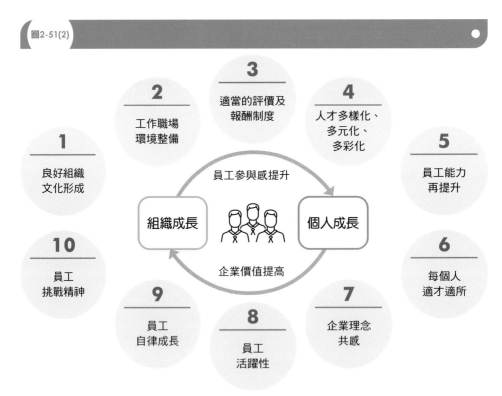

圖2-51(2)

1 良好組織文化形成
2 工作職場環境整備
3 適當的評價及報酬制度
4 人才多樣化、多元化、多彩化
5 員工能力再提升
6 每個人適才適所
7 企業理念共感
8 員工活躍性
9 員工自律成長
10 員工挑戰精神

員工參與感提升
企業價值提高

組織成長　個人成長

個案 52　Nikon 公司
（日本大型數位相機及電子公司）

一、人才資本經營架構

圖2-52(1)

企業理念（信賴與創造）

企業經營願景

2030 年的發展目標

集團全球化、多樣化人才＝新價值創造源泉

員工 參與度提升	員工 技能提升	員工 能力發揮

1	2	3
目標與方向 的明示	成長環境及 活躍環境提供	對員工績效考核 的公平、公正 評價

二、人才資本經營戰略3支柱

圖2-52(2)

| 1 | 人才獲得 | ➕ | 2 | 人才育成 | ➕ | 3 | 人才活躍 |

三、支持人才戰略的2個基盤

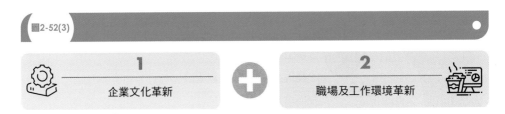

圖2-52(3)

| 1 企業文化革新 | ➕ | 2 職場及工作環境革新 |

四、人才戰略的3大支柱

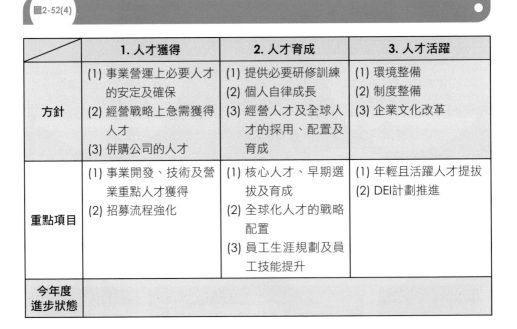

圖2-52(4)

	1. 人才獲得	2. 人才育成	3. 人才活躍
方針	(1) 事業營運上必要人才的安定及確保 (2) 經營戰略上急需獲得人才 (3) 併購公司的人才	(1) 提供必要研修訓練 (2) 個人自律成長 (3) 經營人才及全球人才的採用、配置及育成	(1) 環境整備 (2) 制度整備 (3) 企業文化改革
重點項目	(1) 事業開發、技術及營業重點人才獲得 (2) 招募流程強化	(1) 核心人才、早期選拔及育成 (2) 全球化人才的戰略配置 (3) 員工生涯規劃及員工技能提升	(1) 年輕且活躍人才提拔 (2) DEI計劃推進
今年度進步狀態			

五、人才

圖2-52(5)

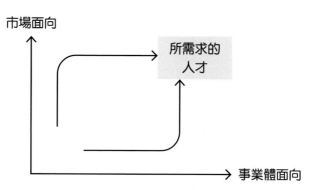

市場面向

所需求的
人才

事業體面向

所需求人才的4個特點

1. 能以顧客及社會為起點的發想價值提供

2. 員工自律的獨立思考及行動

3. 多樣化的人才、組織及團隊協作

4. 綜效的創造

六、員工研修、教育的6種類型

圖2-52(6)

1 部長級研修

2 課長級研修

3 赴海外員工研修

4 各專業／專長人員研修

5 新進員工研修

6 自己選擇課程研修

七、Nikon的主要人事制度與規章

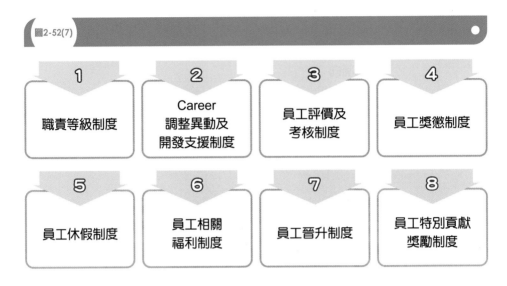

圖2-52(7)

| 1 職責等級制度 | 2 Career 調整異動及 開發支援制度 | 3 員工評價及 考核制度 | 4 員工獎懲制度 |
| 5 員工休假制度 | 6 員工相關 福利制度 | 7 員工晉升制度 | 8 員工特別貢獻 獎勵制度 |

八、Nikon非常強的3個核心

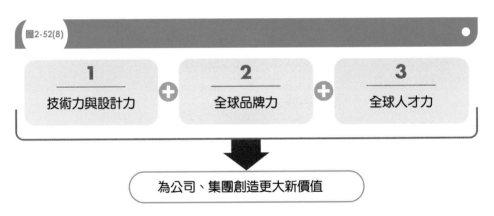

圖2-52(8)

1 技術力與設計力 ➕ 2 全球品牌力 ➕ 3 全球人才力

為公司、集團創造更大新價值

九、「全球DEI政策」推動

圖2-52(9)

D 員工多樣化、多元化 ➕ E 平等、公平 ➕ I 包容心、共融性

圖2-52(10)

1

強大既有
事業基礎

2

R&D 經費占
年營收比例
11%之高

3

設備投資：
420 億日圓

4

人才獲得、育
成、活躍（全球
1.8萬人員工）
（在地人才管理
職占40%）

5

全球營收占比：
A. 日本：占20%
B. 美國：占25%
C. 中國：占21%
D. 歐洲：占17%
E. 亞洲：占17%

6

ESG 環境
保護實踐

7

全球客戶資源

8

強大技術力資源

個案 53　住友化學公司
（日本大型化學材料公司）

一、全球化人才育成體系圖示

圖2-53(1)

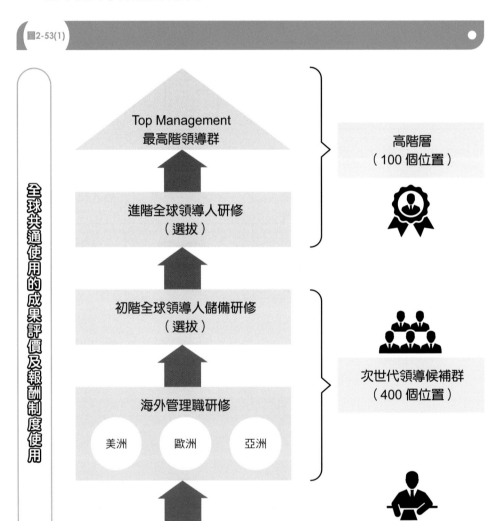

二、人才戰略**3**大工作要素

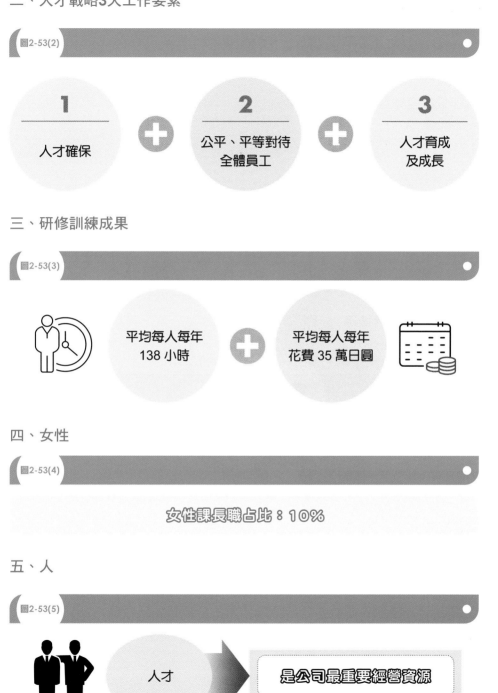

圖2-53(2)

1		2		3
人才確保	+	公平、平等對待全體員工	+	人才育成及成長

三、研修訓練成果

圖2-53(3)

平均每人每年 138 小時 **+** 平均每人每年花費 35 萬日圓

四、女性

圖2-53(4)

女性課長職占比：10%

五、人

圖2-53(5)

人才 ➡ **是公司最重要經營資源**

住友化學公司

個案 54　電裝公司（日本第1大汽車零組件公司）

一、個人能力與組織能力並進

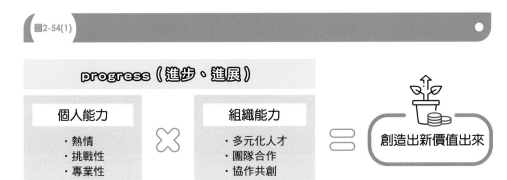

圖2-54(1)

progress（進步、進展）

個人能力		組織能力		創造出新價值出來
・熱情 ・挑戰性 ・專業性	✕	・多元化人才 ・團隊合作 ・協作共創	=	

二、8項員工能力內涵

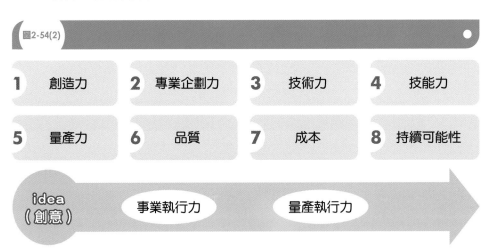

圖2-54(2)

1 創造力	2 專業企劃力	3 技術力	4 技能力
5 量產力	6 品質	7 成本	8 持續可能性

idea（創意）　　事業執行力　　量產執行力

三、員工與組織的progress（進步）原動力有2個

圖2-54(3)

1 員工行動 speed（速度力）

+

2 自由大氣的企業文化

四、縮短高階與基層的距離

圖2-54(4)

1 直屬主管與員工之間

+

2 員工與社長之間

- 多溝通、多見面
- 多談話、多傾聽

五、加速

圖2-54(5)

加速推動
「Global leadership development program」
（全球領導力發展計劃）

已有 250 人受訓，
支援海外成長人才需求

六、女性

圖2-54(6)

女性管理職

| 1 | 事務工作：130人 |
| 2 | 技術工作：132人 |

七、滿意度

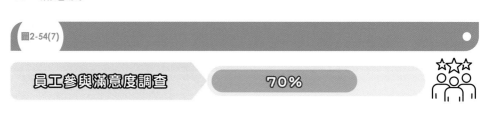

圖2-54(7)

員工參與滿意度調查　　70%

八、計劃

圖2-54(8)　**大力推動 DEI 計劃**

D	人才多元化、多樣化
E	人才公平化、平等化
I	人才包容化、共融化

個案 55　三菱 UFJ 金融集團 （日本大型金融集團之一）

一、支撐人才資本經營的3個重點課題

圖2-55(1)

1	2	3
專業人才的確保及育成（既有事業＋新事業人才）	員工參與度提升	健康經營

二、Mitsubishi UFJ Financial Group, Inc.（簡稱MUFG）

圖2-55(2)

成立「MUFG University」（三菱UFJ金融大學）

培育次世代經營人才養成

三、企業文化3重點

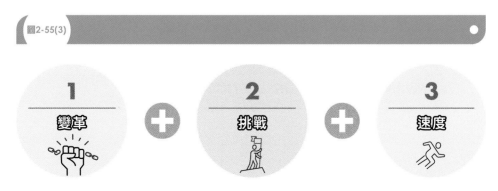

圖2-55(3)

1 變革	＋	2 挑戰	＋	3 速度

四、人事戰略整體架構

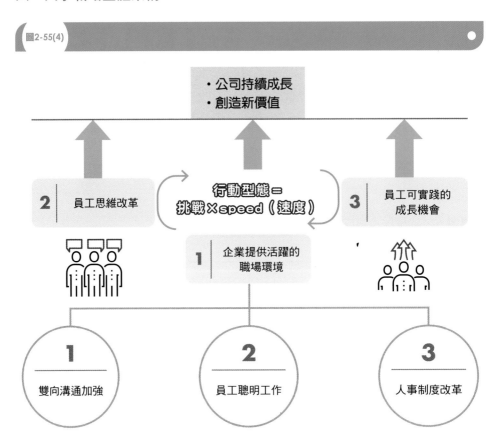

圖2-55(4)

五、全球化「DEI計劃」推進的3個支柱

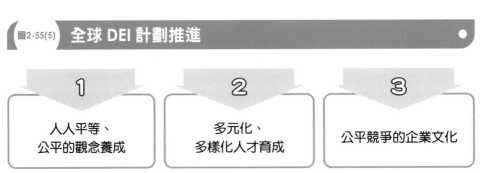

圖2-55(5)　全球 DEI 計劃推進

個案 56　瑞穗金融集團
（日本大型金融集團之一）

一、對員工企業文化內涵要求

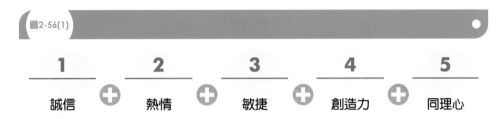

圖2-56(1)

1	➕	**2**	➕	**3**	➕	**4**	➕	**5**
誠信		熱情		敏捷		創造力		同理心

二、人才強化的人資部門KPI指標項目

圖2-56(2)　人資部門對人才育成強化的 KPI 指標項目

1	高階經營人才 育成目標人數	2	全球化人才 育成人數	3	數位化人才 育成人數
4	創新人才 育成人數	5	顧客個人顧客人才 育成人數	6	永續 ESG 育成人數
7	女性管理職比例 目標人數及占比	8	員工對公司參與度 及認同度目標比例	9	員工多元化、 多樣化目標人數

三、人才戰略的**3**大重要任務工作

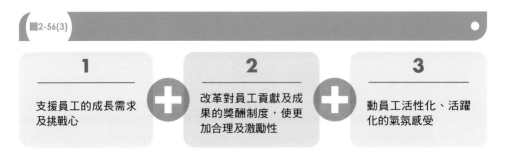

圖2-56(3)

1
支援員工的成長需求及挑戰心

+

2
改革對員工貢獻及成果的獎酬制度，使更加合理及激勵性

+

3
動員工活性化、活躍化的氣氛感受

四、高階要傾聽員工聲音

圖2-56(4)

1
對人事制度

+

2
對營運改善

更多的改革意見

五、經營

圖2-56(5)

1 經營與事業戰略

2 人事戰略

緊密連動

六、對潛力員工育成的循環圖示

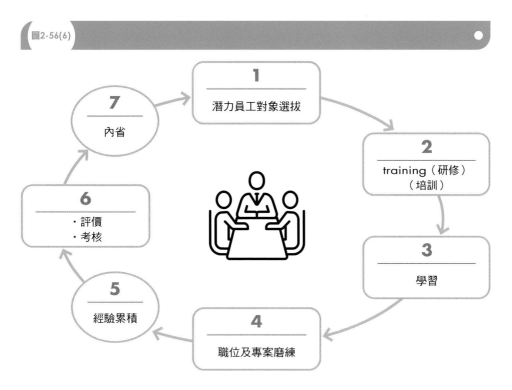

圖2-56(6)

1　潛力員工對象選拔

2　training（研修）（培訓）

3　學習

4　職位及專案磨練

5　經驗累積

6　・評價　・考核

7　內省

七、高階領導人層級的層次安排

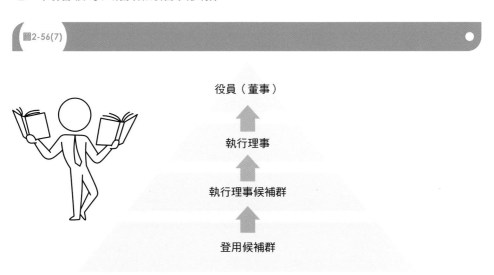

圖2-56(7)

役員（董事）

執行理事

執行理事候補群

登用候補群

八、DEI

圖2-56(8)

「全球化DEI」專案計劃推動及成果

九、本集團人才戰略會議的3大工作領域

圖2-56(9)　集團人才戰略會議（提案、討論、決定）

1
人才採用
人才確保
人才多元化
人才技能與專業化

2
人才育成
培訓
活用
養成

3
人才異動
最佳配置
最佳異動、調整

個案 57　電氣（NEC）公司
（日本大型電氣公司）

一、將人資部門定位為「HRBP」體系

圖2-57(1)

HRBP
（Human Resources Business Partner）　→　支援各事業體系足夠的、有效的人才供給

二、中高階領導人才開發的program（計劃）

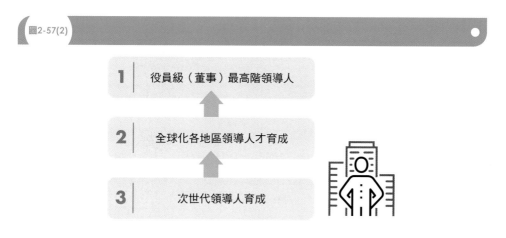

圖2-57(2)

1　役員級（董事）最高階領導人

2　全球化各地區領導人才育成

3　次世代領導人育成

三、人才育成ROI計算

圖2-57(3)　合理倍數在 3 倍～ 4 倍之間

$$\frac{年營業淨利}{人事投資費用} = 3.5 倍$$

個案 58　信越化學公司
（日本大型化學材料公司）

一、人才戰略的3個重要課題

圖2-58(1)

1		2		3
人才育成	＋	對員工徹底尊重	＋	員工多樣化、多元化的活躍推進

二、人事考核制度5大要點

圖2-58(2)

1	2	3
以能力成果主義為原則	加強上司與部屬相互面談及溝通	注重公平性、公正性
4	**5**	
考量外部大環境變化，影響員工績效成果	考核落實可促進員工成長	

三、注重T型人才養成

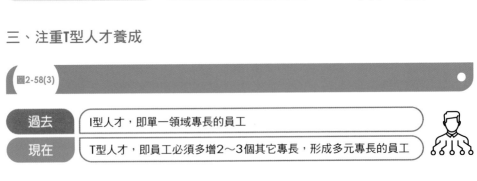

圖2-58(3)

過去	I型人才，即單一領域專長的員工
現在	T型人才，即員工必須多增2～3個其它專長，形成多元專長的員工

四、研修制度表格

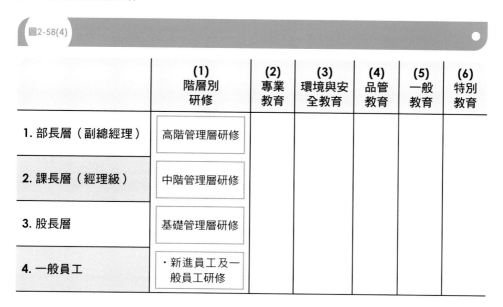

圖2-58(4)

	(1) 階層別 研修	(2) 專業 教育	(3) 環境與安 全教育	(4) 品管 教育	(5) 一般 教育	(6) 特別 教育
1. 部長層（副總經理）	高階管理層研修					
2. 課長層（經理級）	中階管理層研修					
3. 股長層	基礎管理層研修					
4. 一般員工	·新進員工及一 　般員工研修					

五、女性

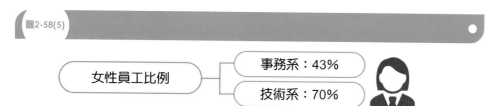

圖2-58(5)

女性員工比例 ── 事務系：43%　技術系：70%

六、每位員工生產力

圖2-58(6)

$$\frac{年營收額}{總員工數} \quad + \quad \frac{年獲利額}{總員工數}$$

七、研修

圖2-58(7)

研修時間　平均每人8.5小時　　研修費用　平均每人2.9萬日圓

個案 59　EPSON（愛普生）公司（日本大型印表機及辦公設備公司）

一、人才戰略指針

圖2-59(1)

提供足夠、有效、及時、優秀的多元化人才供給　→　滿足未來 5 大創新與成長的事業領域用人需求

二、員工

圖2-59(2)

每一個員工的成長　→　就是公司與事業的成長

三、人資戰略3大重點工作

圖2-59(3)

1 重點且積極的人才獲得　＋　**2** 能達成經營戰略的人才育成　＋　**3** 最適當人才配置、適才適所

四、全球

圖2-59(4)

全球 58 國、8 萬人員工　→　全球化人才活用

五、女性員工任用狀況

圖2-59(5)

1 女性員工比例 45%

2 女性管理職比例 18%

3 平均年資 20年

六、DEI

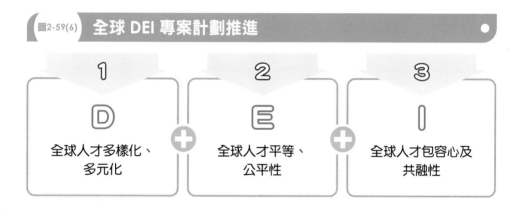

圖2-59(6) 全球 DEI 專案計劃推進

1 D 全球人才多樣化、多元化

2 E 全球人才平等、公平性

3 I 全球人才包容心及共融性

個案 60 精工錶（SEIKO）公司（日本第 1 大鐘錶公司）

一、人才戰略最重要3件任務

圖2-60(1)

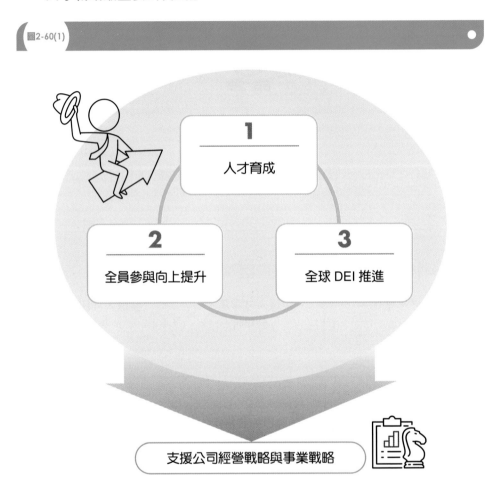

1 人才育成

2 全員參與向上提升

3 全球 DEI 推進

支援公司經營戰略與事業戰略

二、成長

圖2-60(2)

三、人才

圖2-60(3)

人才育成 → **是公司成長戰略的最大支柱**

四、健康

圖2-60(4)

「健康經營」大力推進

個案 61　東麗集團
（日本第1大化纖人造、紡織原料公司）

一、人

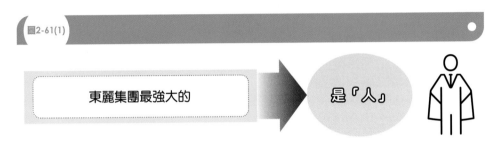

圖2-61(1)

東麗集團最強大的　➡　是『人』

二、未來

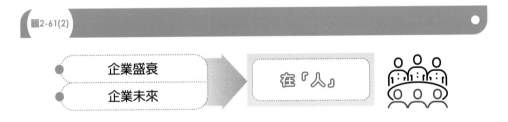

圖2-61(2)

企業盛衰
企業未來　➡　在『人』

三、人才戰略最重要2件大事

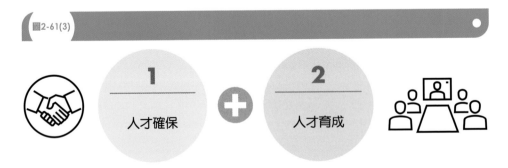

圖2-61(3)

1 ──── 人才確保　➕　**2** ──── 人才育成

四、人才育成的條件及內涵

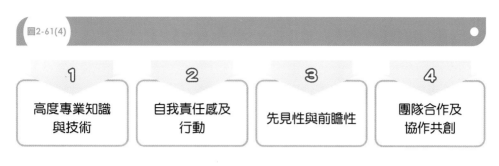

圖2-61(4)

1	2	3	4
高度專業知識與技術	自我責任感及行動	先見性與前瞻性	團隊合作及協作共創

五、人才育成4個支柱

圖2-61(5)

1	2	3	4
OJT（工作中經驗與學習、進步）	OFF-JT（公司內部上課、培訓）	自己啟發	人事制度及施策（計劃）

六、多樣化

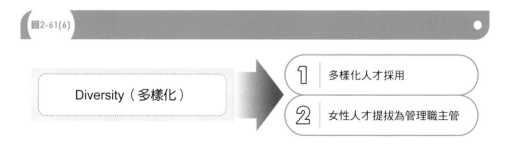

圖2-61(6)

Diversity（多樣化）

1 多樣化人才採用

2 女性人才提拔為管理職主管

七、每位員工的管理要求

圖2-61(7)

1 目標設定 ➕ 2 挑戰執行

個案 62　電通廣告集團
（日本第1大廣告與行銷集團）

一、人事戰略策定的3大支柱

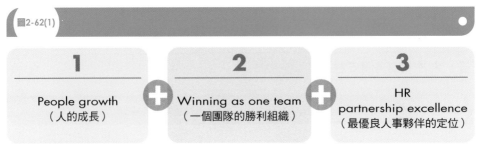

圖2-62(1)

1	**2**	**3**
People growth（人的成長）	➕ Winning as one team（一個團隊的勝利組織）	➕ HR partnership excellence（最優良人事夥伴的定位）

二、企業文化與企業行動的5大指針

圖2-62(2)

1	**2**	**3**
趨動變革與進化的力量	人才多樣化及活性化的發揮	培育每個人的成長機會

4	**5**	
員工自律、積極的貢獻	對週邊大環境變化的快速適應	

三、人才

圖2-62(3)

對人才開發的投資	➡	對現在及未來專業成長都有大貢獻

四、成立

圖2-62(4)

「電通大學」：dentsu university

五、多樣化

圖2-62(5)

全球多樣化人才 ➡ 打造出更多創意及創造力（creativity）

六、團結

圖2-62(6)

Winning as one team（電通勝利的組織）
（公司就是團結的一個團隊）

七、核心

圖2-62(7)

廣大人才中的核心點 ➡ 即是海內外各家子公司 leader（領導人）的養成

八、成長

圖2-62(8)

people growth（人的成長）➡ DEI 推進是不可或缺的

個案
62

電通廣告集團

九、性別

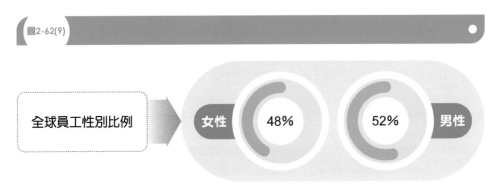

圖2-62(9)

全球員工性別比例

女性　48%　52%　男性

十、全球

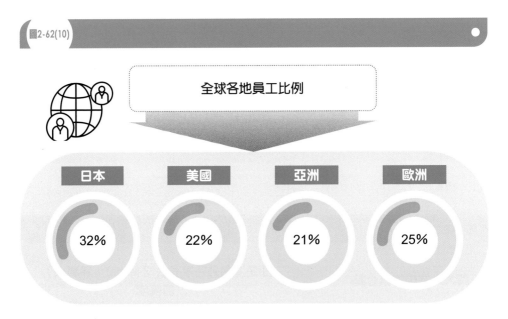

圖2-62(10)

全球各地員工比例

日本	美國	亞洲	歐洲
32%	22%	21%	25%

個案 63　三井化學公司
（日本大型化學材料公司）

一、人才戰略上的優先課題

圖2-63(1)

1 多樣化且豐富的經營型人才的獲得、育成及留住

2 人才portfolio（組合）的推動，以滿足事業組合的人才需求改變

3 員工自主、自律，以及與他人協作（best-mix）的體現

4 人事評價與報酬制度的改革

5 M&A（併購）公司的人才處理及調整

6 集團結合型人才平台的建構

二、事業

圖2-63(2)

事業戰略經營組合的變革 ⇄ 人才戰略組合跟著變革

三、協作

圖2-63(3)

個人 ➕ 組織

共同協作，發揮最大能力！

四、多樣化

圖2-63(4)

多樣化、多元化人才發展很重要

五、人才研修的3種層次

圖2-63(5)

1 高階經營幹部層　（董事會負責決定）

2 經營者候補層（占0.5%）　（全公司人才育成委員會決定）

3 Key Talent（占2%）　（由各部門部長選拔）

個案 64　KDDI 電信公司
（日本第 2 大電信公司）

一、人事戰略的**3**大重點

圖2-64(1)

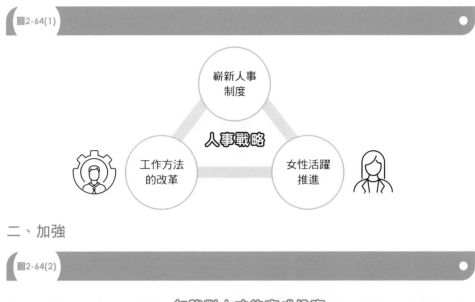

嶄新人事
制度

人事戰略

工作方法
的改革

女性活躍
推進

二、加強

圖2-64(2)

- 加強對人才的育成投資
- 人才，是所有創新的源泉

三、多樣化

圖2-64(3)

高度的多樣化專業人才保有，並使其能力最大極限發揮

四、提高

圖2-64(4)

提高員工對公司的參與感及認同感　▶　對公司會產生更大的貢獻

個案 65　朝日電視控股公司（日本大型電視公司）

一、人事戰略3大重點任務

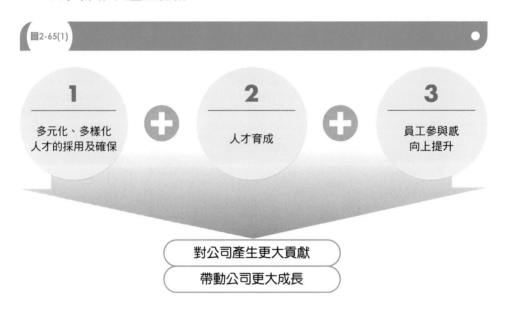

圖2-65(1)

1	2	3
多元化、多樣化人才的採用及確保	人才育成	員工參與感向上提升

對公司產生更大貢獻

帶動公司更大成長

二、員工參與度向上提升的4件事

圖2-65(2)

1 做好：員工福祉／福利（well-being）

2 工作方法改革、更提升效率

3 排假
・休假取得
・減少加班

4 公司經營狀況公開化、透明化、告知化

個案 66　大正製藥公司
（日本大型製藥公司）

一、公司經營3大核心

圖2-66(1)

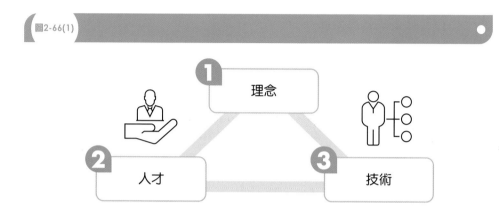

❶ 理念

❷ 人才

❸ 技術

二、對員工人格要求3點

圖2-66(2)

❶ 正直 ＋ **❷ 勤勉** ＋ **❸ 熱心**

199

三、平衡

圖2-66(3)

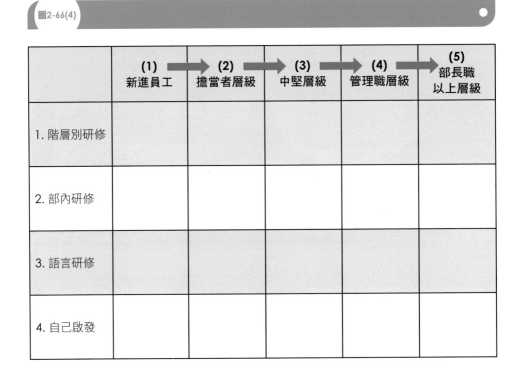

| work & life balance | ➡ | 員工工作與家庭生活的平衡計劃推動 |

四、全公司教育研修體系表

圖2-66(4)

	(1) 新進員工	(2) 擔當者層級	(3) 中堅層級	(4) 管理職層級	(5) 部長職 以上層級
1. 階層別研修					
2. 部內研修					
3. 語言研修					
4. 自己啟發					

五、人事

圖2-66(5)

| 人事考核考績指針 | ➡ | 對成果、實績的高度重視及優先 |

個案 67　旭化成公司
（日本大型化學材料公司）

一、集團經營的基盤6項

個案 67　旭化成公司

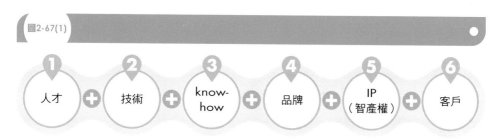

圖2-67(1)

| ① 人才 | + | ② 技術 | + | ③ know-how | + | ④ 品牌 | + | ⑤ IP（智產權） | + | ⑥ 客戶 |

二、海外

圖2-67(2)

對海外現地人才的採用、育成、提拔及活躍

全球員工：4.6萬人	海外：20個國家
全球子公司：273家	日本營收占比：52%
海外營收占比：48%	

三、活力與成長的循環圖示

圖2-67(3)

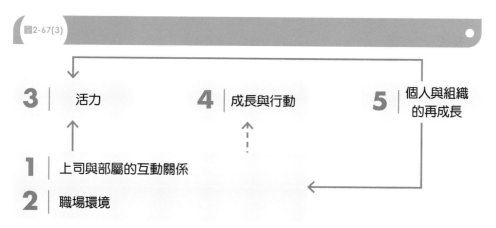

3 │ 活力　　　　**4** │ 成長與行動　　　　**5** │ 個人與組織的再成長

1 │ 上司與部屬的互動關係

2 │ 職場環境

201

個案 68　森永製菓公司
（日本大型糖果及餅乾零食公司）

一、人事戰略整體架構圖示

圖2-68(1)

1　人事戰略

(1) 2030年願景實現的人才育成
(2) 個人成長與個人自律推進

2　主要課題

(1) 高階leader領導群的育成
(2) 高度專業性人才確保及育成
(3) 生產效率提升

實現 2030 年
長期 vision
（願景）

3　人事施策（計劃）

(1) 次世代leader及全球化人才育成
　　專案計劃
(2) 人才核心能力向上提升計劃
(3) 專業技能提升計劃

二、多樣化、包容性、人才活躍推進體系圖

圖2-68(2)

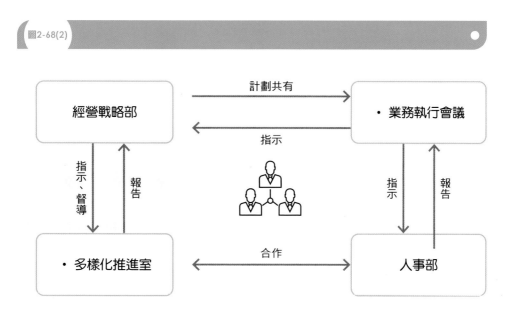

三、要求員工6項能力

圖2-68(3)

個案 69 明治製菓公司
（日本大型零食、餅乾公司）

一、「人才委員會」組織表圖示

圖2-69(1)

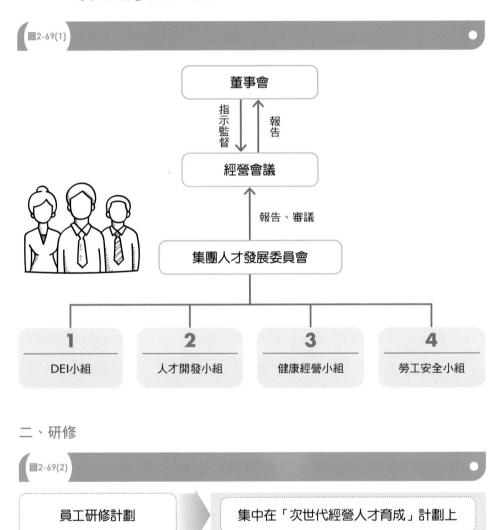

```
            董事會
     指示       報
     監督       告
          經營會議
              報告、審議
        集團人才發展委員會

   1          2          3          4
 DEI小組   人才開發小組  健康經營小組  勞工安全小組
```

二、研修

圖2-69(2)

員工研修計劃 ➡ 集中在「次世代經營人才育成」計劃上

三、經營

圖2-69(3)

經營戰略　←互相連動→　新人事戰略與制度檢討

四、人才

圖2-69(4)

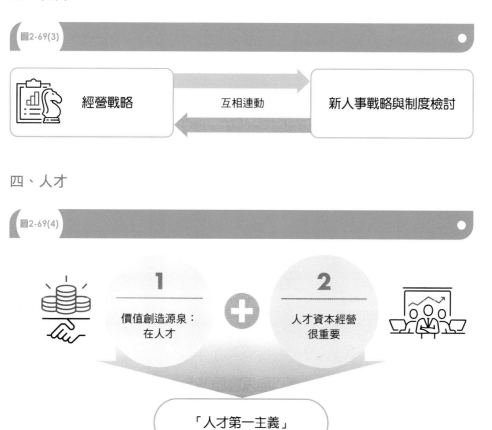

1 價值創造源泉：在人才

+

2 人才資本經營很重要

「人才第一主義」

個案 70　日本 TOTO 衛浴公司
（日本大型衛浴公司）

一、人才戰略整體架構圖示

 圖2-70(1)

公司中長期發展與成長戰略

人才戰略

公司的成長

・多樣人才集中
・安心工作
・挑戰工作

組織活性化

・全世代挑戰

個人的自律及成長

多樣人才的活躍

多樣工作方法實現

健康、安心的工作環境

二、全世代挑戰與個人自律成長的人才循環圖示

圖2-70(2)

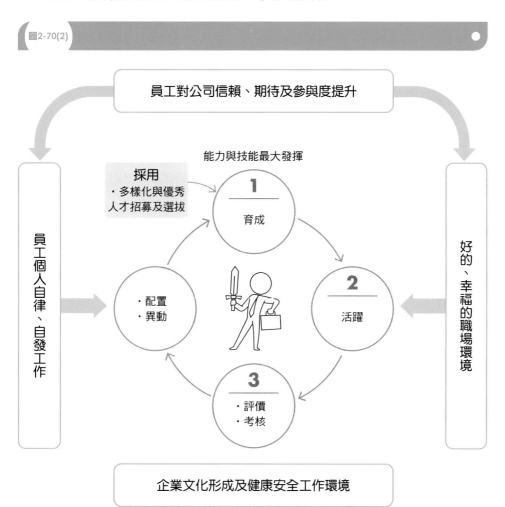

員工對公司信賴、期待及參與度提升

能力與技能最大發揮

採用
・多樣化與優秀人才招募及選拔

1
育成

2
活躍

3
評價
考核

配置
異動

員工個人自律、自發工作

好的、幸福的職場環境

企業文化形成及健康安全工作環境

個案 71　富士電機公司
（日本大型電機公司）

一、「次世代經營人才庫」數字圖示

圖2-71(1)

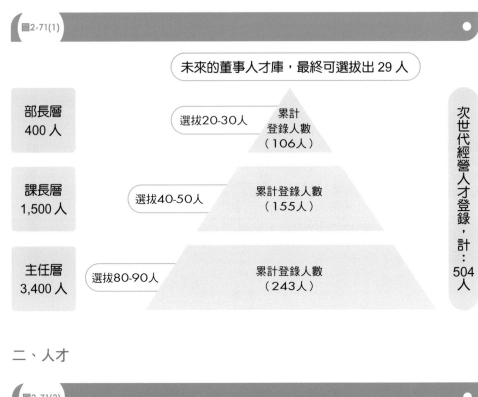

未來的董事人才庫，最終可選拔出 29 人

部長層 400 人	選拔20-30人　累計 登錄人數 （106人）
課長層 1,500 人	選拔40-50人　累計登錄人數 （155人）
主任層 3,400 人	選拔80-90人　累計登錄人數 （243人）

次世代經營人才登錄，計：504 人

二、人才

圖2-71(2)

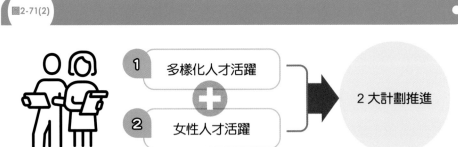

1 多樣化人才活躍
+
2 女性人才活躍

2 大計劃推進

三、持續成長

圖2-71(3)

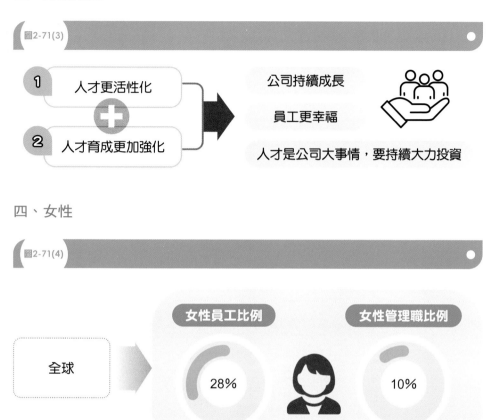

1 人才更活性化

╋

2 人才育成更加強化

公司持續成長

員工更幸福

人才是公司大事情，要持續大力投資

四、女性

圖2-71(4)

全球

女性員工比例

28%

女性管理職比例

10%

個案 72　J · Front Retailing （大丸 · 松阪屋百貨公司） （日本大型百貨賣場）

一、支撐新經營戰略的人才戰略圖示

圖2-72(1)

事業經營組合變革，新百貨公司模式轉換

1 要員計劃

2 採用

3 配置

4 育成

5 · 評核 · 考核

· 資深退職

「人才力」的開發

二、人才營運基盤5大要素的再構築

圖2-72(2)

組織文化、企業文化再革新

1	2	3	4	5
人事制度	人才管理系統 （talent management system）	人事組織 與體制	DEI 專案推進	員工 健康經營

三、員工自我成長的2大重點

圖2-72(3)

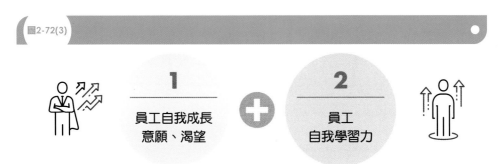

四、人才力圖示

圖2-72(4)

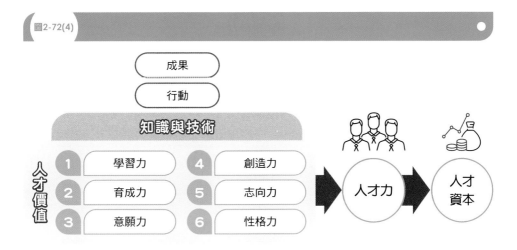

五、各種研修塾及研修課程

圖2-72(5)

個案 73　FANCL 保養品／保健食品公司
（日本大型彩妝保養品及保健品公司）

一、人事戰略3大重點

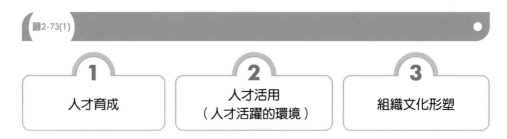

圖2-73(1)

1	**2**	**3**
人才育成	人才活用 （人才活躍的環境）	組織文化形塑

二、人才育成層次圖示

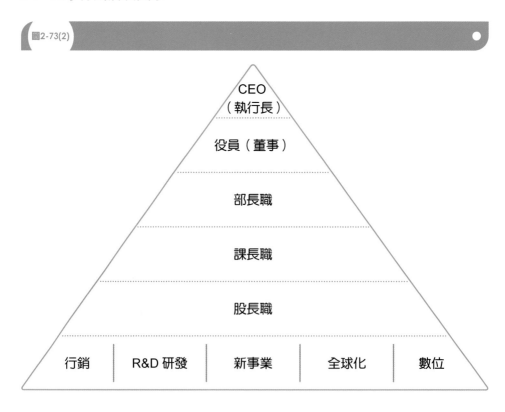

圖2-73(2)

CEO（執行長）

役員（董事）

部長職

課長職

股長職

| 行銷 | R&D 研發 | 新事業 | 全球化 | 數位 |

個案 74　朝日飲料公司
（日本大型飲料公司）

一、人才戰略整體架構圖示

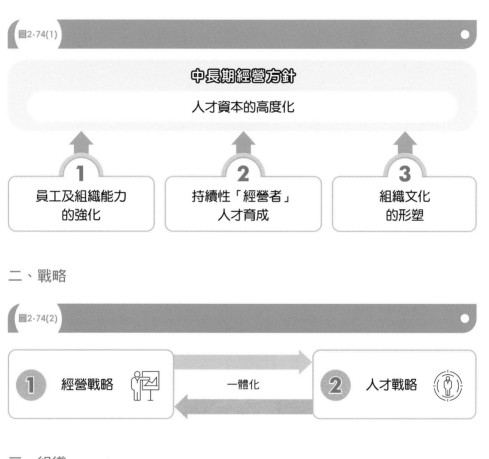

圖2-74(1)

中‧長期經營方針

人才資本的高度化

1 員工及組織能力的強化

2 持續性「經營者」人才育成

3 組織文化的形塑

二、戰略

圖2-74(2)

1 經營戰略

一體化

2 人才戰略

三、組織

圖2-74(3)

全組織邁向「學習型」組織！

四、成長

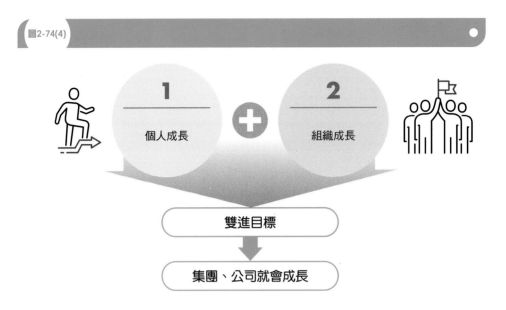

圖2-74(4)

五、多樣化

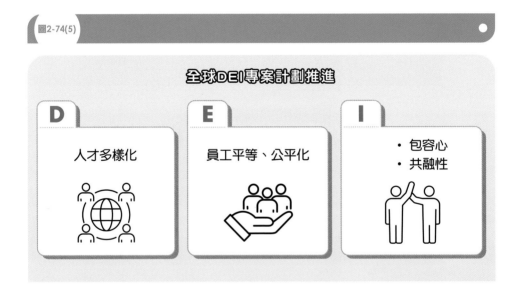

圖2-74(5)

個案 75　三井商船航運公司
（日本大型航運公司）

一、人資企劃4步驟

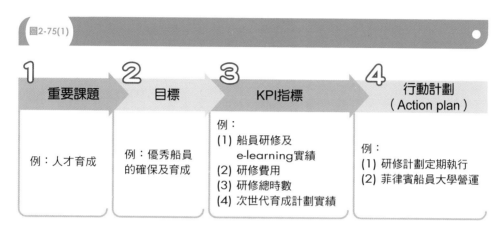

圖2-75(1)

1 重要課題
例：人才育成

2 目標
例：優秀船員的確保及育成

3 KPI指標
例：
(1) 船員研修及 e-learning實績
(2) 研修費用
(3) 研修總時數
(4) 次世代育成計劃實績

4 行動計劃（Action plan）
例：
(1) 研修計劃定期執行
(2) 菲律賓船員大學營運

二、人資5大重要課題

圖2-75(2)

1 人才育成

2 個人工作方法改革

3 DEI落實

4 健康經營

5 提高員工參與度

三、公司與各方利益者保持平衡

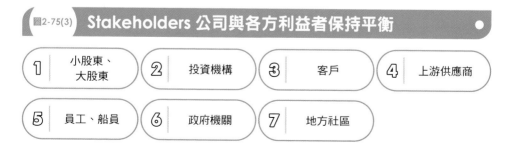

圖2-75(3) **Stakeholders 公司與各方利益者保持平衡**

1 小股東、大股東

2 投資機構

3 客戶

4 上游供應商

5 員工、船員

6 政府機關

7 地方社區

個案 76　樂敦製藥公司（日本大型藥品公司）

一、「人才資本最大化」圖示

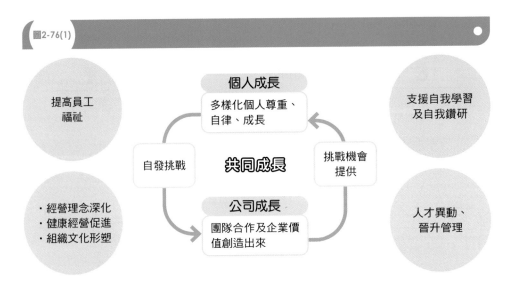

圖2-76(1)

提高員工福祉

個人成長
多樣化個人尊重、自律、成長

支援自我學習及自我鑽研

自發挑戰　　共同成長　　挑戰機會提供

・經營理念深化
・健康經營促進
・組織文化形塑

公司成長
團隊合作及企業價值創造出來

人才異動、晉升管理

二、人才獲得的4項重要課題

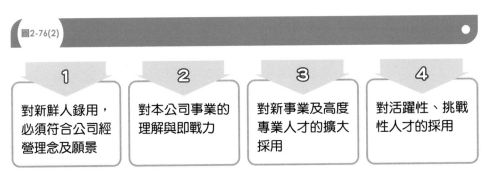

圖2-76(2)

1	2	3	4
對新鮮人錄用，必須符合公司經營理念及願景	對本公司事業的理解與即戰力	對新事業及高度專業人才的擴大採用	對活躍性、挑戰性人才的採用

三、個人與公司共同成長的**4**個支柱

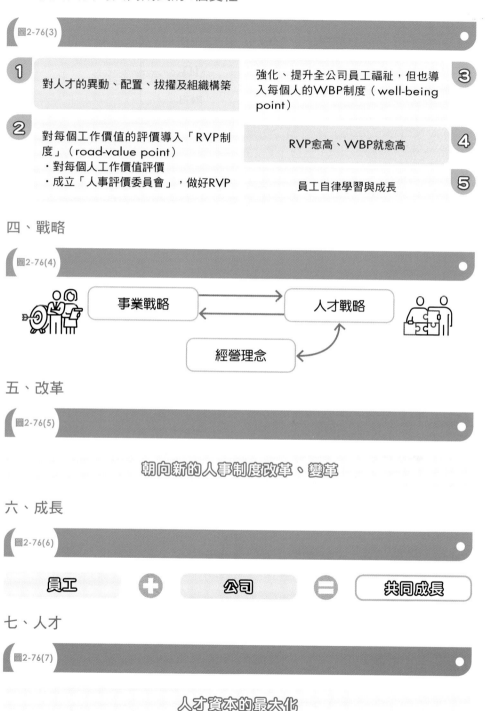

圖2-76(3)

1　對人才的異動、配置、拔擢及組織構築

2　對每個工作價值的評價導入「RVP制度」（road-value point）
・對每個人工作價值評價
・成立「人事評價委員會」，做好RVP

3　強化、提升全公司員工福祉，但也導入每個人的WBP制度（well-being point）

4　RVP愈高、WBP就愈高

5　員工自律學習與成長

四、戰略

圖2-76(4)

事業戰略　⇄　人才戰略

經營理念

五、改革

圖2-76(5)

朝向新的人事制度改革、變革

六、成長

圖2-76(6)

員工　✚　公司　＝　共同成長

七、人才

圖2-76(7)

人才資本的最大化

個案 77　板硝子公司
（日本大型玻璃用品公司）

一、人事戰略4大支柱

圖2-77(1)

人事戰略 4大支柱

1　人才管理（Talent Management）

2　員工參與感

3　企業文化創造

4　人事部門能力提升

二、人才管理5大項目

圖2-77(2)

1　人才選拔及育成

2　人才確保及留住

3　個人目標業績管理

4　後繼者（接棒者）計劃

5　生涯管理（Career Management）

三、人資改革3大項

圖2-77(3)

1 Leader（領導）
人才育成的改革

2 員工考績評價與
報酬制度

3 與海外各子公司人事
部門的溝通及活性化

四、舉辦「your voice」（員工意見調查）

圖2-77(4)

1 Reward
員工報酬制度
滿意度調查

+

2 Engagement
員工參與感
滿意度調查

+

3 Culture
企業文化與行為
滿意度調查

五、人資部門能力提升對策

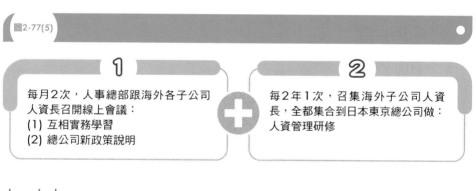

圖2-77(5)

1 每月2次，人事總部跟海外各子公司
人資長召開線上會議：
(1) 互相實務學習
(2) 總公司新政策說明

+

2 每2年1次，召集海外子公司人資
長，全都集合到日本東京總公司做：
人資管理研修

六、人才

圖2-77(6)

加強人才資本投資！

個案 78　日本航空
（日本第 1 大航空公司）

一、人才戰略的5個共通要素

圖2-78(1)

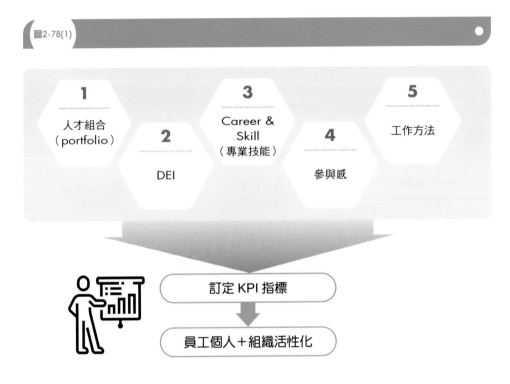

1 人才組合（portfolio）

2 DEI

3 Career & Skill（專業技能）

4 參與感

5 工作方法

訂定 KPI 指標

員工個人＋組織活性化

二、人才資本

圖2-78(2)

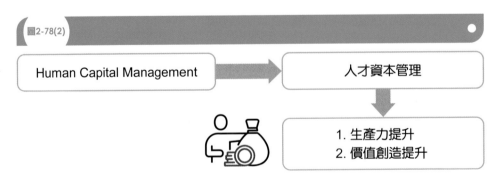

Human Capital Management → 人才資本管理

1. 生產力提升
2. 價值創造提升

三、人才組合（Talent portfolio）的重點施策（重點行動計劃）

圖2-78(3)

1 公司外部有經驗人才採用

2 事業成長領域的人才配置

3 與成果連動的高報酬制度

四、全公司教育研修體系表

圖2-78(4)

	1. 一般職員	**2. 管理職（課長、部長）**
(1) 階層別研修		
(2) 活動型研修		
(3) 提升技能研修		

個案 79　住友電工公司
（日本大型電子、工業公司）

一、3大資本推進力

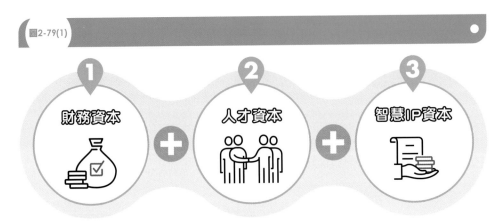

圖2-79(1)

| ① 財務資本 | ＋ | ② 人才資本 | ＋ | ③ 智慧IP資本 |

二、人資3大工作推進

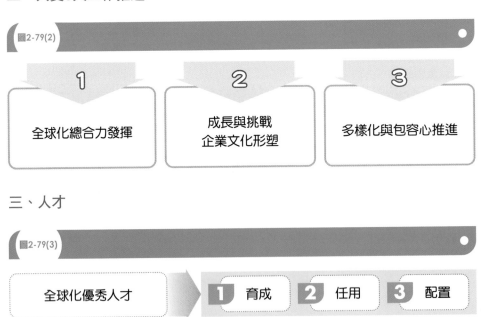

圖2-79(2)

1. 全球化總合力發揮
2. 成長與挑戰 企業文化形塑
3. 多樣化與包容心推進

三、人才

圖2-79(3)

全球化優秀人才 → 1 育成　2 任用　3 配置

四、支撐本集團的6個經營基盤

圖2-79(4)

五、提升

圖2-79(5)

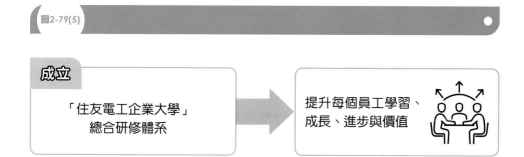

個案 80　安斯泰來製藥公司
（日本大型藥品公司）

一、人資戰略整體架構

圖2-80(1)

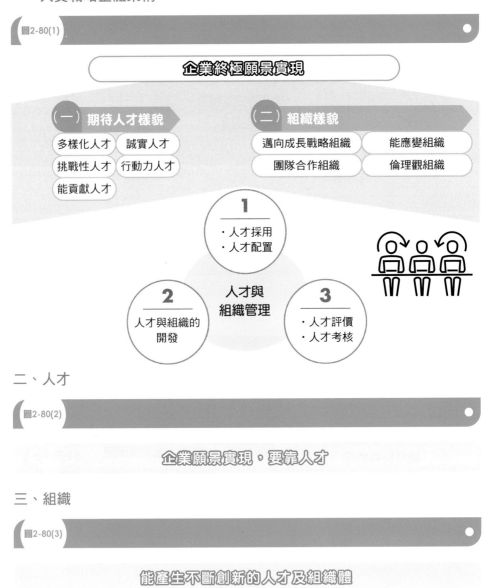

企業終極願景實現

（一）**期待人才樣貌**

| 多樣化人才 | 誠實人才 |
| 挑戰性人才 | 行動力人才 |
| 能貢獻人才 |

（二）**組織樣貌**

| 邁向成長戰略組織 | 能應變組織 |
| 團隊合作組織 | 倫理觀組織 |

1
・人才採用
・人才配置

人才與組織管理

2
人才與組織的開發

3
・人才評價
・人才考核

二、人才

圖2-80(2)

企業願景實現，要靠人才

三、組織

圖2-80(3)

能產生不斷創新的人才及組織體

個案 81　理光（RICOH）公司
（日本大型辦公事務設備公司）

一、人才資本施策的3個支柱

圖2-81(1)

1	2	3
員工潛能發揮的促進： ・要適才／適所 ・要自律、自主、自發 ・要職場環境整備	個人成長與事業成長要並進、並重	員工對公司的參與感、充足感、充實感及滿意度要提升

二、員工表現

圖2-81(2)

員工個人
➕
Team 全員

➡ Performance 績效／成果最大化！

三、組織

圖2-81(3)

Capability（組織能力） ➡ 戰略執行力

個案 82　富士電機公司（日本大型電機、電子公司）

一、人才育成3大點

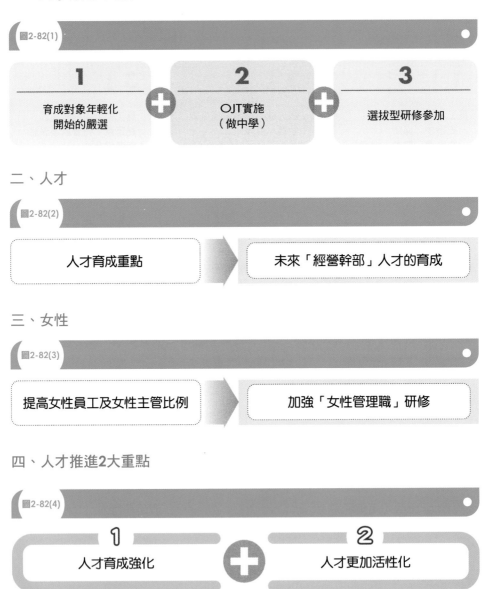

圖2-82(1)

1		2		3
育成對象年輕化開始的嚴選	＋	OJT實施（做中學）	＋	選拔型研修參加

二、人才

圖2-82(2)

人才育成重點　➡　未來「經營幹部」人才的育成

三、女性

圖2-82(3)

提高女性員工及女性主管比例　➡　加強「女性管理職」研修

四、人才推進2大重點

圖2-82(4)

1		2
人才育成強化	＋	人才更加活性化

五、員工環境整備

圖2-82(5)

① 員工健康 ➕ ② 員工安全 ➕ ③ 員工人權

六、做好人才**3**件大事

圖2-82(6)

① 人才正確配置 ② 人才育成 ③ 人才活躍

七、對資深員工**2**大作法

圖2-82(7)

① 對資深員工活躍推進（50歲以上） ➕ ② 回聘已退休員工（65歲～75歲），可繼續工作

八、組織

圖2-82(8)

每個組織team總合戰力發揮

九、形成好的循環

圖2-82(9)

| 1 員工幸福感 | ⇄ | 2 公司持續成長 |

十、人才投資

圖2-82(10)

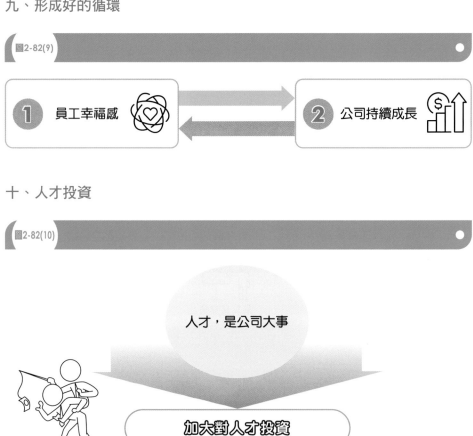

人才，是公司大事

加大對人才投資

個案 83　大正製藥公司
（日本大型製藥品公司）

一、教育研修制度全體系架構表

圖2-83(1)

	(1) 新進員工	(2) 擔當者層級	(3) 中堅層級	(4) 管理職層級	(5) 部長職層級
1. 階層別研修	新進員工研修		主任研修	課長、經理研修	部長研修
2. 部內研修					
3. 語言研修					
4. 自己啟發					

二、持續

圖2-83(2)

促進每個員工的「持續性成長」

三、多樣

圖2-83(3)

尊重每個員工性格，多樣化及人權

四、打造環境

圖2-83(4)

打造安全、健康、友善、想工作的職場環境！

個案 84　中外製藥公司（日本大型製藥公司）

一、人資重要課題

圖2-84

1 人資重要課題	2 方針
1 員工想積極工作的心及動機	・員工參與感提升 ・職場環境整備
2 員工能力開發	・加強人力發崛及育成
3 DEI	・多樣化人才及新價值創出
4 員工健康經營	・增進員工健康及工作安全

個案 85　三菱化學控股公司
（日本大型化學、化工製造公司）

一、非常大的人事制度改革5大基盤支柱

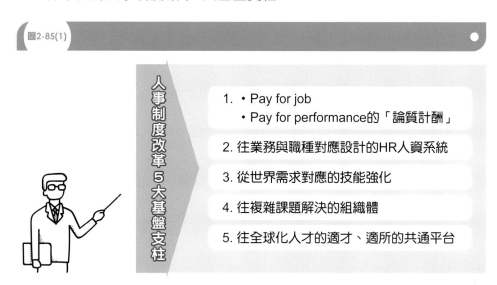

圖2-85(1)

人事制度改革5大基盤支柱

1. • Pay for job
   • Pay for performance的「論質計酬」
2. 往業務與職種對應設計的HR人資系統
3. 從世界需求對應的技能強化
4. 往複雜課題解決的組織體
5. 往全球化人才的適才、適所的共通平台

二、多樣化充實的3要點

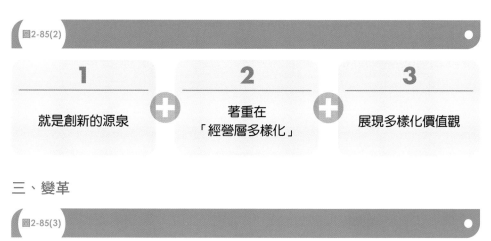

圖2-85(2)

1	+	2	+	3
就是創新的源泉		著重在「經營層多樣化」		展現多樣化價值觀

三、變革

圖2-85(3)

往「變革方向」的人才戰略

四、全球化

圖2-85(4)

往全球化競爭力高的人事制度改革

五、溝通

圖2-85(5)

做好人事變革的「溝通工作」

六、人資4大重要課題

圖2-85(6)

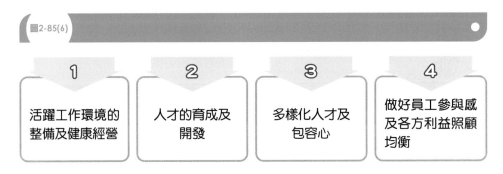

1	2	3	4
活躍工作環境的整備及健康經營	人才的育成及開發	多樣化人才及包容心	做好員工參與感及各方利益照顧均衡

七、三菱化學人事制度改革的3個施策（Action plan）

圖2-85(7)

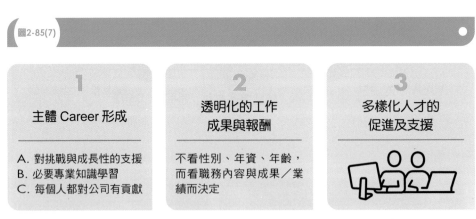

1	2	3
主體 Career 形成	透明化的工作成果與報酬	多樣化人才的促進及支援
A. 對挑戰與成長性的支援 B. 必要專業知識學習 C. 每個人都對公司有貢獻	不看性別、年資、年齡，而看職務內容與成果／業績而決定	

八、改革

圖2-85(8)

人事制度改革 → 1 全員 ＋ 2 公司共同成長

九、成立「digital University」的3個課程

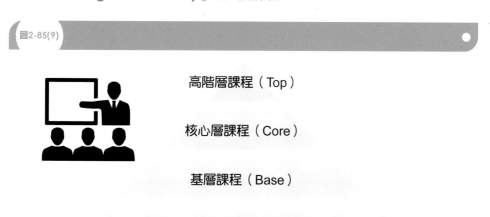

圖2-85(9)

高階層課程（Top）

核心層課程（Core）

基層課程（Base）

e-learning（數位線上學習）

十、戰略

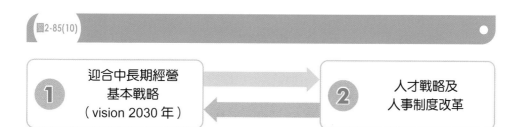

圖2-85(10)

1 迎合中長期經營基本戰略（vision 2030 年） ⇄ 2 人才戰略及人事制度改革

個案 86　東京威力科創公司
（日本大型半導體製造公司）

一、人才管理的3大課程

圖2-86(1)

| 1 公司價值觀 | + | 2 想做事的員工 | + | 3 DEI 推進 |

二、員工想做事的5大要點

圖2-86(2)

1 良好、友善的職場環境　2 對成果績效的公正評價與報酬　3 挑戰性機會

4 對公司未來的夢與期待　5 對公司的貢獻實感

三、對公司評價制度的3個指標

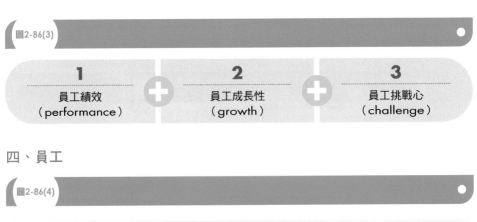

圖2-86(3)

| 1 員工績效（performance） | + | 2 員工成長性（growth） | + | 3 員工挑戰心（challenge） |

四、員工

圖2-86(4)

- 員工是價值創出的源泉
- 企業的成長在於人

五、「企業大學」體系圖

圖2-86(5)

	(1) 新進員工	(2) 中堅員工	(3) 管理職／高度專業職／幹部	(4) 經營層 （部長級以上）
1. 階層別教育				
2. 目的別教育				

六、加強

圖2-86(6)

 加強推動

「後繼者育成計劃」
（succession plan）

七、平衡

圖2-86(7)

工作
（job） 生活
（life）

追求平衡

勿過勞！

八、參與

圖2-86(8)

員工參與度提升

員工提升績效的不可缺因素

要做員工滿意度民調

個案 87　瑞薩電子公司（日本大型半導體製造公司）

一、全球

圖2-87(1)

全球化 → **A** 2.1萬人員工　**B** 25個國家　**C** 125個據點

二、面對3大環境

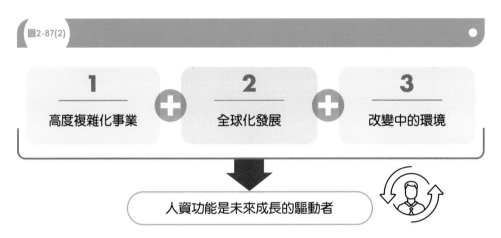

圖2-87(2)

1 高度複雜化事業 ＋ **2** 全球化發展 ＋ **3** 改變中的環境

↓

人資功能是未來成長的驅動者

三、公司企業文化5要點

圖2-87(3)

1 透明化 ＋ **2** 全球化 ＋ **3** 敏捷 ＋ **4** 創新 ＋ **5** 創業家精神

四、員工2個增強

圖2-87(4)

1 增加彈性（flexibility） + 2 增加生產力（productivity）

五、強化人才「mobility」（移動性）

圖2-87(5)

1 增加內部移動性 + 2 職涯路徑 + 3 全球化移動性

六、戰略性的priority（優先性）架構圖示

圖2-87(6)

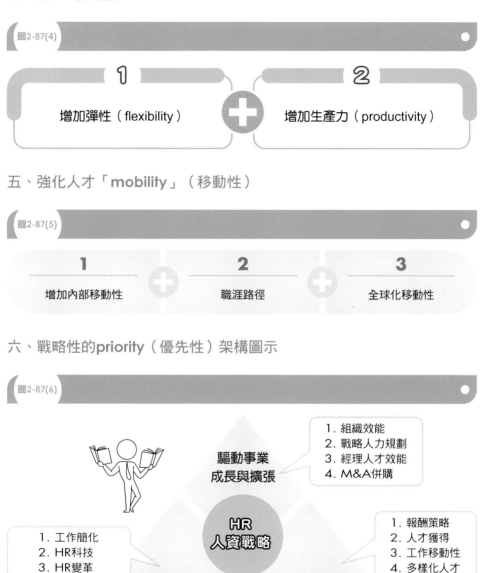

驅動事業
成長與擴張

1. 組織效能
2. 戰略人力規劃
3. 經理人才效能
4. M&A併購

HR
人資戰略

1. 工作簡化
2. HR科技
3. HR變革

1. 報酬策略
2. 人才獲得
3. 工作移動性
4. 多樣化人才

營運卓越   人才參與度

第三篇
卓越成功企業領導人
對「人才」的看法
與觀點

列舉國內外各大企業11位卓越成功領導人，對「人才」的看法與觀點。

領導人 1　鴻海集團創辦人暨前董事長：郭台銘

一、看人，第一看品格

1. 內在品格要比能力更加重要，品格絕對是一個人最重要的資產。
2. 評價一個人時，應重點考察四項特質：善良、正直、聰明、能幹。如果不具備前兩項，那後面兩項會害了你。
3. 當聰明、能幹的人，沒有以公司、集團、大眾股東的最大利益為優先，一動歪心思，可能會造成很可怕弊端。

二、找接班人，訂出3條件

1. 我幾年前找接班人，也是根據上述原則，訂出3條件：
   (1) 是品德、品格最重要。
   (2) 是要有責任心。
   (3) 是要有工作熱情、肯做事、認真投入工作。
2. 有品格而沒有能力，是缺點；但有能力，沒有品德，則是危險。

三、隨時要學習新知

1. 不學習新知，就是自私的表現。
2. 在當下這個爆炸進步的時代，只要一年以上不學習新知，就一定會跟不上時代。
3. 我最厭惡大學或研究所畢業後，就停止知識精進的那種，好像學習是學給學校老師看的，或是為了好看的分數。

四、信任與授權，會讓關係更緊密

1. 充分信任，充分授權；能夠事情轉變成另一個面貌，同時，也能讓關係更加緊密及和諧。
2. 關鍵在於信任，因為你信任員工，相信員工會快速完成這項使命。
3. 唯有充分授權，才能讓對方感受到被信任，同時也感受到自己擁有絕對的主動權。

五、人才3部曲

人材→人才→人財

1. 能力再好、學歷再高的人，在還沒有接受企業文化洗禮之前，都只是「人材」，還不是「人才」。
2. 人材要經過「雕刻」、「磨練」、「歷練」，再經過學習及改造後，才能變成人才。
3. 最後，「人才」為企業帶來貢獻及遠景，「人才」就等於是「人財」。
4. 不經過一番寒徹骨，是無法成為人才的。

六、成功者找方法，我這輩子都沒想過困難是什麼

1. 只要在腦海中反覆思辨，就能為自己的人生或事業找出活路。
2. 天底下沒有最完美的辦法，但絕對有更好的方法。
3. 做任何事，有順境，也會有逆境；最好的應對辦法就是：練就對抗逆境的體質。
4. 遇到困難，就告訴自己趕快找方法，不要被困難擊倒，新創意也就因此源源不絕了。

七、接受訓練，追求磨練

1. 人沒有天生的窮命及賤命，只有你以什麼樣的心態來磨練自己。
2. 當你要去做一件事情的時候，你的執著及冒險犯難精神，很重要。

八、合作無間，才能創造群體的最大價值

1. 就算團隊成員都是四流人才，也能夠因為團隊合作，爭取到一流客戶。
2. 企業會成長，不是一個人的功勞，而是團隊工作的成果。
3. 不要因為過度的個人主義，而影響到團隊的成敗。
4. 人才要團結，才能發揮更大力量。
5. 只要團結起來，目標一致，人人都可以變成一流人才。

九、多培養國際視野

當你們累積越多的國際視野，就越能明白自己所在的處境，以及未來應該採取怎樣的行動。

十、胸懷千萬里，心思細如絲

不管看待任何問題，都要觀察細微，洞悉未來。

鴻海集團創辦人暨前董事長：郭台銘

十一、做事情的思考「三種鏡」

不管做什麼事情，可以用三種鏡的層次予以思考：

1. 第一個層次：望遠鏡

要了解事物的來龍去脈，種種過去累積與成因，以及任何可能的未來前瞻。

2. 第二個層次：放大鏡

聚焦在該件事情的整體，觀察它的個體性與完整性，隨後思考該做出什麼行動。

3. 第三個層次：顯微鏡

在執行過程中，精微的注重各種細節，有時候一個小偏差，就會導致全盤失敗。

十二、看懂問題深層內涵

1. 知識只能學會別人的思考；而經驗才能得出自己的判斷。
2. 多累積你的經驗，到最後，這都是成敗的關鍵。
3. 知識＋經驗並重是最佳的。

十三、「全球化」，就是人才當地化

1. 全球化的第一步，就是從重用當地人才開始，設定雙方可以共同努力的目標，讓當地人才的力量，加入全球化運作。
2. 建立總公司與海外子公司的誠信關係，這是培養全球化人才的必經之路。

十四、人才的3心：責任心、上進心、企圖心

初階幹部要有責任心，中階幹部要有上進心，高階幹部要有企圖心。

十五、創新人才的訓練：工作中訓練、挫折中教育、競爭中思考

十六、人力資源的工作職業：選才、育才、用才、留才

十七、學習的方法

1. 工作中學習，學習後工作。
2. 人要不斷的學習，向競爭對手學習。

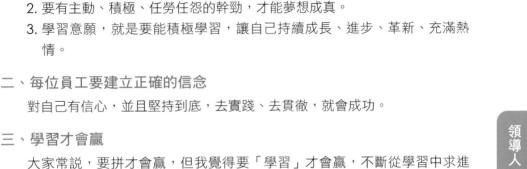

一、評選旗下子公司總經理人選的3大必備條件：品德、幹勁及學習意願

　　1. 品德的意思是兼具品格與德性；絕不能選一個沒有品德的人，他會為了賺
　　　錢不顧一切，忽略員工、往來廠商及顧客，甚至私心太重而有舞弊。

　　2. 要有主動、積極、任勞任怨的幹勁，才能夢想成真。

　　3. 學習意願，就是要能積極學習，讓自己持續成長、進步、革新、充滿熱
　　　情。

二、每位員工要建立正確的信念

　　對自己有信心，並且堅持到底，去實踐、去貫徹，就會成功。

三、學習才會贏

　　大家常說，要拼才會贏，但我覺得要「學習」才會贏，不斷從學習中求進
步，堅持對品質或水準的要求，才能讓企業的績效成長。

四、舉出企業高遠願景，大家共同追求終極夢想

　　願景，是企業所有員工的共同夢想，沒有願景，大家就失去前進的動力與目
標，所以，公司要打造出高遠願景，大家一起努力追求終極夢想。

五、工作熱忱，比學歷更重要

　　1. 企業用人，固然專業與學歷很重要，但「工作的熱忱」、「衝勁」、「觀
　　　念創新」，其實比學歷及專長更重要。

　　2. 所謂熱忱，也就是指：有理想、有目標、有方向，願意接受挑戰，保持積
　　　極的態度及速度感、並勤於工作中學習進步。熱忱會讓人產生動力，促使
　　　你不斷向前進，並對公司產生出好績效。

六、每天讀書30分鐘

　　1. 每個員工及長官，都必須不斷自我充實、提升。

　　2. 身為領導者必須在最短時間內做出最佳決策，除了請教專家，我也會從書
　　　中學習，找資料，做為決策參考。

　　3. 面對今天這個「超競爭」環境，個人及企業都一樣，如果不持續強化自己
　　　的實力，將很難生存下去。

七、組織盡量保持變形蟲般的彈性、靈活及敏捷

因應大環境快速變化，以及因應營運需求的變革與創新，組織及員工，都必須保持變形蟲般的彈性、靈活及敏捷。

八、員工及企業都要不斷自我挑戰、追求突破、看準趨勢、堅持到底

經營企業，要保持永續成長，每個員工及企業都要打破僵硬老化、追求舒適的組織體制，而要不斷自我挑選，向下一階段追求突破及升級；以及看準整個環境／產業／市場的改變趨勢，並且堅持到底，勇往向前行，絕不回頭走舊路。

九、企業經營成敗關鍵，在於經營團隊

要建立企業整個團隊經營的制度，並適度、適時授權下去，讓團隊發揮最大潛能及活力，就會使公司不斷成長、壯大。

十、領導者的**4**大成功心法

當企業最高階領導者，成功的經營心法有4項：
1. 領航者要知道船要開往那個目標與方向。
2. 領航者要有當責的決心。
3. 領航者要有遠見、自己思維及sense。
4. 領航者要正派、透明、無私的經營。

領導人 3　全聯超市董事長：林敏雄

一、用人哲學

　　尊重專業、接納不同意見、信任員工、充分授權。

二、組織用人，要看人的優點，並盡量把人放在對的位置上

三、因為信任，所以授權，員工受到感召，對於工作上的要求自然全力以赴

四、我總是將公司的成功歸功於全體員工

五、肯學習，就有晉升的機會

六、用心溝通，促進共識

七、建立相互包容的企業文化，才能引進各方人才

八、要重視各階層人才培育，教育訓練的預算無限

九、人才培育是企業成長的基本功

十、用真誠之心，守護員工健康

領導人4　商周／城邦出版集團首席執行長：何飛鵬

一、每個員工都要挑戰自我

挑戰自我的訓練，就必須要求自己每天都要進步，每次都要設立能力所及的更高目標；每次都加30%自我挑戰，強迫自己去面對可能做不到的事；而透過每次的完成，能力就自動增加，如果完成不了，那就再試一次，直到完成為止。

二、做事→管理→經營

職場工作者有3個層次：

1. 第一個層次是能做事的工作者，能夠完成組織交付的工作，不論是生產、銷售、行銷、財會、研發、企劃、物流、商品開發等，都可以把工作做好。
2. 第二個層次是升遷成為小主管，能做好小團隊的管理工作，並且能夠帶領團隊完成管理工作。
3. 第三個層次是：運用想像力、創造力，對外尋找新商機，擴大公司營運規模及營收與獲利，這就是「經營型」人才。

三、尋找經營人才

經營人才是可以對團隊負完全責任的人，不只可以完成每日的例行工作，更可以在團隊遭遇困境時，提出創新、找出方法、解決困難；當團隊營運停滯不前時，經營人才也可以帶領團隊，開創新的生意模式。經營人才具有創業家的特質，是組織中珍貴的人才。

四、領導者必備5種特質

要成為企業高階領導者（leader），應具備五項特質：

1. 令人尊敬的品格
2. 有共識的價值觀
3. 值得信賴的能力
4. 無怨無悔的追隨
5. 自動自發的投入

五、管理與領導的區別

1. 管理與領導是一體的兩面，管理用的是權力，只要有權力就可以發號施令，要團隊做事。
2. 領導用的是尊敬，領導者的人格被認同、被尊敬，才能吸引團隊向其看齊，自動自發做事。

六、沒有差別待遇，好人才不來

敢採取差別待遇，是企業變革的開始，我們之所以付不起高薪水，是因為我們的營運體質不佳、獲利不足，也就請不到傑出人才。但是如果能經由傑出人才的引進，先提升一個人的薪資，進而提高經營成果，接著再逐步提高所有人的薪資，這是「策略性的差別待遇」，以拉升企業的總體經營績效。

七、我每天只做三件事

我是一個只動口的高階主管（集團首席執行長），我每天只做3件事，即：

1. 教育訓練
2. 整理問題團隊
3. 參與新創團隊
   (1) 教育訓練的方式，是我參加各單位的各種工作會議，我會在會中提供我的意見，給他們做參考，這也是訓練。
   (2) 我也會協助問題團隊的整理，為團隊尋找合適的變革主管。
   (3) 我也參加新創團隊，我會和團隊一起走過創業過程，參與他們的討論。

八、績效第一，但也要兼顧人情

1. 我們公司一向績效至上，每年打考績，表現好的獎金多，表現差的獎金低，獎金和年資高低從來沒有關聯。
2. 有一年我們業績超好，領到一筆超額獎金，我決定用年資發放，服務超過15年的，加發一個月獎金，超過10年的，加發半個月獎金；所有同事，都說我們是具有人情味的好公司。

九、營造快樂的工作氛圍

好的主管除了要會工作之外，還要會帶動組織裡的快樂氣氛，舉辦各種活動，趣味競賽、同事聯誼、生日會、交換禮物、餐廳聚餐等；這些活動都是在營造愉悅的氣氛，讓同事在工作辛苦之餘，可以有更好的互動，提升工作士氣及團結心。

十、用人要信任，能力要檢查，錯誤要預防

1. 用人要信任是基本前提，但是懷疑、確認、檢查、預防，也是用人必須的方法。

2. 工作檢討與工作檢查，代表了對基本人性的管理，亦即：每個人都會犯錯，這是人的本質，因此在工作上就必須要有預防犯錯的設計，設立工作檢查，或要部屬提出工作報告，這都是透過事前的檢查，以減少犯錯或預防錯誤。

十一、如何成為「學習型人才」？

不論能力多強，終有窮盡不足之處，要能應對各種環境變化，唯一的方法，就是：與時俱進、隨時充電、隨時改變，成為一個「學習型人才」。

學習型人才的關鍵有幾點：

1. 學習是anytime、anywhere，任何時間、何任地點，均可學習。

2. 學習是代表對新鮮事物的好奇，以及面對挑戰事情的喜悅。

3. 學習是代表未來格局與成就高度的升級。

十二、讓員工擁有公司的感覺

1. 第一個層次是老闆，如何建立一個公開、透明及報酬回饋的組織，讓員工能感受到「擁有公司的感覺」，進而願意投入、全力以赴。

2. 第二個層次是工作者，不論老闆提供什麼樣工作環境，都應該主動積極以公司為主，每個人都應自認是老闆，全力以赴。

領導人 5　愛爾麗醫美集團董事長：常如山

一、用金錢激勵與管理員工，形成共好

員工是愛爾麗最大資產，員工來上班最重要的是想賺錢，只要員工表現好，就直接發錢獎勵，要對員工好，才能留住好人才，這些好人才自然就會幫公司賺更多利潤；這是企業經營「善的循環」。

二、員工的品德、心態最重要

1. 我們是做醫美行業的，做醫生要醫德大於金錢，所以我們聘請醫生，首先看品德及心態，再看醫美技術，這個順位是不能改變的。
2. 所以，用人首重品德。
3. 品牌是一個人的本質，可以從與他說話的過程中及相處中觀察出來，本質這種東西基本上不會變。

三、愛惜夥伴，天下，是全體員工打出來的

我始終認為愛爾麗成為醫美界第一名地位，不是我董事長有多厲害，而是全體員工，共同辛苦、努力、勤奮、貢獻智慧與專業，而打造出來的，我歸功於全體員工。

四、多角化經營，資金與人才都重要

企業經營久了，要擴大規模與集團化事業，不可避免就要多角化、多樣化事業經營，而多角化要成功，有2個重要關鍵：

一是足夠資金準備好。所以，很多企業都要IPO（上市櫃），以取得更多資金奧援。

二是足夠人才準備好。多角化事業發展，就必須要多元化的優秀人才來共襄盛舉，才會成功。

五、我們非常強調員工的教育訓練

做醫美、醫療行業的，要非常重視醫生、護理師、美容師、服務人員的教育訓練再精進；我們公司內部每年都訂定至少一年度教育訓練計劃與課程，從內部及外部邀聘講師來上課，不斷的、長期的、全面的提升所有員工的水平、技術、素質及服務。

六、管人很耗心力，有制度、有獎懲還不夠，領導人還要以身作則才行

　　在醫美、醫療界不像工廠可以軍事化管理，因此，管人是很耗心力的，除了訂定合理化、標準化制度，加上獎懲分明外，這還不夠；最後，在上位的高階領導人更要以身作則，凡事做為員工表率，你做得正不正，員工都在看你這位領導人。

領導人 6　台積電前董事長：張忠謀

一、給未來年輕世代領導人的**5項建議**

我給年輕世代未來領導人的5項建議：

1. 確認你的價值觀。例如：誠信、正派、無私、社會利益、值得信賴等。
2. 確認你的目標。
3. 在工作上展現最高極致的能力。
4. 學習比你職位高一階主管的工作，學習之。
5. 培養團隊精神。

二、離開學校，正是新學習的開始

每個員工都必須保持好奇心及持續學習的能量；離開校園步入社會及企業工作，並不是學習的終點，而正是學習的開始。

三、領導者的角色：感測到危機與良機

1. 我以前當董事長的工作任務之一，就是：感測到外部的危機與良機。若有危機，要趕快採取行動避免發生；若是良機，也要能善加利用把握住它。
2. 高階領導者預測未來、解讀未來的能力是很重要的。

四、員工的自我終身學習，必須有計劃、有系統、有紀律、有目標

所有員工的自我終身學習，必須秉持4大原則：

1. 要有目標
2. 要有計劃
3. 要有系統
4. 要有紀律

要有終身學習，員工及公司才會有終身的競爭力與競爭優勢。

五、員工與公司都要把「誠信」列為第一位置的天條

1. Integrity（誠信）是第一位置的天條，員工要有誠信的品德，公司更要把誠信列為核心價值觀之一，一個員工不符合誠信，我絕對不會把他放在我身邊。
2. 因為，沒有誠信的主管、員工及領導人，對公司都是危險的。

六、經理人應培養的終身習慣：觀察、學習、思考、嘗試

任何一位公司經理人員（manager），一定要培養4項終身習慣：

1. 觀察的習慣
2. 學習的習慣
3. 獨立思考的習慣
4. 創新嘗試的習慣

七、考績／考核的4大功能

肯定員工貢獻、告訴屬下的缺失、發掘潛力人才、激勵員工平時認真做事。我認為年中，或者是年底時的全體員工及幹部們的考績／考核制度，主要有4大功能：

1. 對員工過去一年辛苦貢獻的肯定及獎賞
2. 要坦白告訴部屬們的個人缺點，以做未來改善、調整
3. 可做為發掘各層級有潛力明日之星人才
4. 可激勵員工平時每天的認真做事，不可偷懶

八、企業的教育訓練工具

現在公司多半會舉辦很多訓練，包括：

1. 內訓（內部上課）
2. 外訓（外部上課）
3. 派到國外大學上課

但，我認為培育人才的主要工具及方式，應該是下面三種才更有效：

1. 主管與下屬的相互切磋
2. 下屬的自我、自律性學習
3. 前述那些公司內外部訓練課程

九、人才的升遷條件

1. 在台積電，主要是看人選的理念及過去的「Track record」（過去的紀錄績效、評價）；如果是經理級以上職位，會有3～4人的小組委員會決定，而非一個人單獨決定，以避免搞派系、搞小團體政治、搞鬥爭。
2. 所謂優良人才，不僅看他們的學歷，也不僅看他們的資歷，更要看他們做事的態度及精神。例如：「越戰越勇」的人──這種特質是無法從履歷表看出來的，要親自去認識才能夠發掘。

十、做領導人或經營型高階幹部，必須要有「高遠的使命感」

1. 做公司COO（營運長）、CEO（執行長）、董事長或執行董事的，在其心中，一定要有「高遠的使命感」才合格；例如，我做台積電總經理到董事長時，就立定志向，要把台積電做到「世界級企業」的高遠使命感，如今，35年過去，此目標也終於達成了。
2. 要堅持走一條難走的路。

十一、員工的創新，是無所不在的

創新是不限於哪個部門、哪個員工的，而是各方面、各人員皆必要的。

1. 創新，是公司保持競爭力、保持領先／領導地位、及保持永續成長的最重要因素。
2. 但創新，不是單指技術、不是指R&D部門而已；而更是公司全體部門及全體員工的共同思維、責任及行動的。
3. 包括：R&D、技術、設計、製造、採購、品管、物流、銷售、門市店、行銷、人事、財務、資訊、法務、稽核、總務、企劃、戰略規劃、專案人員等，都必須要有創新的思考及行動。

領導人 7 日本京瓷集團前董事長：稻盛和夫

一、領導者要有大公無私、無私無我的態度

高階領導群們位居高位，享有高的權力，又只出嘴巴及命令，真正辛苦的是底下的人；因此，高階領導群不能只對自己有利的，分到最多獎金及分紅，只圖利自己好而已，這樣的領導是要被丟棄的。

二、打造「全員參與經營」的組織文化及氛圍

公司及人資部門必須努力打造出每一個員工對以在此公司上班而感到驕傲，並由衷期盼公司未來會更好而更加努力投入工作，而不會只有對公司及長官的抱怨、不滿及批評，如此，公司才會可大、可長、可久，並且永續經營下去。

三、打造可以即刻作戰的組織體制，並對組織改革能靈活應變

公司對組織及人資工作要求的就是，如何打造出面對大環境巨變之下，能夠靈活應變與即刻作戰的最強大組織體制。

四、透明經營原則

公司應該努力爭取IPO（上市櫃公司），依據政府法規採取透明經營，定期舉辦對外公開的法人說明會（法說會）或主題說明會，每月也公布業績及損益表，讓所有員工都能了解公司的營運狀況好或壞。

五、激發出每位員工的工作幹勁與熱情

公司及人資部門必須努力激發出每位員工在工作上的幹勁與熱情，計有7件事要做到：

1. 以事業夥伴的態度對待員工。
2. 成為讓員工衷心尊敬的領導群對象。
3. 對員工闡述工作的意義。
4. 共同擁有遠大的抱負與願景。
5. 大幅提高員工對公司的參與度。
6. 打造出員工的使命感。
7. 將公司所獲利潤，與員工共享。

六、為達到公司所訂年度營運目標，領導者應扮演5個角色

1. 訂定明確目標，確信一定可以達成。
2. 持續檢討具體、可行的策略及作法。
3. 指導員工如何達成目標，且使其擁有自信心。
4. 聽取員工意見，正確者立即採用。
5. 每天十分認真努力在工作，創造應達成的營收與獲利目標。

七、舉辦運動會、員工旅遊、聚餐，加強公司、幹部與員工之間的融合度

平常大家每天忙於工作、忙於開會，壓力甚大，公司應每年定期安排一些休閒活動，加強公司與員工之間的融合度及信賴度。

八、以「實力主義」為基礎的人事評價考核制度

公司必須建立員工們以「實力主義」為基礎的人事評價、考核、考績、獎賞的好的人事制度。

所謂「實力主義」的內涵，包括下列5種人才均是：

1. 當年度個人的工作績效好壞、成果好壞、達成KPI指標狀況、以及對公司的貢獻。
2. 對未來中、長期企業經營發展帶來重大貢獻者。
3. 個人具備強大、優秀的未來潛能、潛力者。
4. 個人具備未來儲備「高階經營型」的人才特質與能力者。
5. 能夠信守公司核心價值觀、經營理念及組織文化實踐者。

領導人8　美國奇異（GE）日本子公司前董事長：安渕聖司

一、經得起質問，拿得出辦法，你就能出頭

在奇異全球化企業的文化裡，不管你在哪個階層及哪種職務，只要你能經得起長官質問，並拿得出辦法，你就能出頭天。

二、全體員工，都必須具備領導力

奇異公司認為假如在公司中的每位成員都能發揮領導力，那整個公司的實力就一定會越來越強大；因此，奇異的組織文化要求，每一位員工都必須具備領導力才行。當處處有領導人，就能帶動整個公司。

三、奇異公司的各級領導人，必須具備4種能力

1. 領導技術
2. 專業知識與能力
3. 商業知識與能力
4. 成長價值

四、奇異公司的「成長價值（GE Value）」的5個要素組成

1. 外部掌握及洞察（external focus）
2. 思路清晰（clear thinker）
3. 想像力與勇氣（imagination & courage）
4. 包容力（inclusiveness）
5. 專業性（expertise）知識與技術

五、奇異公司考核2大基準

1. 業績
2. 成長價值

在公司，不問國籍、宗教、性別、階級、年齡、年資，一律給所有員工公平的機會，而員工的成長價值與業績是唯二的考核基準。

員工考核，個人業績占比50％，而個人的成長價值也占50％，合計100％。

六、奇異公司人資部門的**8**大工作事項

1. 發掘人才
2. 招募新人
3. 教育訓練
4. 績效考核
5. 菁英人才管理
6. 人事異動
7. 組織與人力盤點
8. 接班人計劃

七、培訓不是強迫，而是獲選者至高榮譽

奇異公司的培訓獲選人員，都是未來被拔擢的優秀人才；其「培訓中心」的3大課程，包括：

1. 領導力課程訓練。
2. 各功能（function）知識課程訓練。
3. 經營商業知識課程訓練。

八、在奇異很少出現權力鬥爭

在美國奇異總公司或在日本子公司的組織裡，我很少看到有高層、中層、基層的權力鬥爭或派系鬥爭，這是很正面的，這就是好的企業文化。

九、奇異日本子公司「執行長」的工作**5**大項

我擔任奇異日本子公司的執行長及董事長日子中，我只做5大項工作：

1. 策略：決定未來的大方向、分配資源、管理整個公司的事業經營組合。
2. 執行：靈活運用所有的經營資源（人、資訊、知識、資金），以達到經營目標。
3. 基礎：讓奇異的企業文化、成長價值、誠信，優先滲入組織的每一個角落。
4. 品牌：積極代表奇異接觸日本的金融界及企業界，創造奇異公司品牌的影響力。
5. 人才：錄用優秀人才、教育人才、訓練人才、考核人才、給他們活力、幫助他們成長、培育成下一代領導人才。

十、經營企業沒有平時，每天都要追求更好、更有競爭力

1. 事實上，環境在變，客戶及顧客的需求也在變，與其適應變化、適應環境，不如主動的經常尋求更好的方法、更強大的競爭力、更長遠的優勢與實力；如果自以為是平時而靜止不動、不前進的話，競爭對手就有可能跑到你的前面去了。

2. 所以，經營企業，絕不能有太平日子、太平時節的念頭。

領導人 9　日本無印良品前董事長：松井忠三

一、「讓人成長」的公司，就叫好公司

「員工不想離職」的公司或是「值得在此工作」的公司，以及「能讓人成長」的公司，就是員工心目中的好公司，無印良品一直在努力成為這樣的公司。

二、離職率一直維持在5％以下

無印良品的員工離職率，一直維持在5％以下，相較於一般零售業的平均14％，我們算是很低的好公司。

三、最值得在這家企業工作的問卷調查6項指標：信賴、尊重、公正、自豪、向心力、獎酬福利

日本有一家最佳職場研究調查公司，會發問卷給各企業員工做調查，裡面有6項指標評價，如上述6項指標。

四、推行「終身雇用＋實力主義」並重考核制度

我們追求的是：「建立足以精準評鑑員工實力的制度，並藉由終身雇用，為員工創造一個能確保生活穩定的環境。

五、人才培育有八成取決於異動及輪調

無印良品認為人才培育的工作有八成取決於異動，只要能實現適才適所，員工就能大幅成長。

透過不斷輪調培育人才的6個理由：

1. 可確實提升能力及豐富資歷。
2. 可維持挑戰精神。
3. 可擴增多樣化的人際網。
4. 可促進對他人立場的理解。
5. 可拓展眼界。
6. 可讓組織有良好的溝通環境。

六、無印良品的人才培育有3個層次

1. 第一個層次是，透過MUJIGRAM與業務標準書的「手冊培育」。

2. 第二個層次是，讓人才能夠適才適所而配置的組織：「人才委員會」。

3. 第三個層次是，構思人才培育及訓練計劃的組織：「人才培育委員會」。

七、無印良品對員工評價的五個分級表

		潛力	
		及格	高
績效	高	2.高績效員工 （占10～15%）	1.關鍵人才庫（明日領導人） （占10%～15%）
	及格	4.表現穩定的員工 （占50～70%）	3.嶄露頭角的人才（次世代） （占10%～15%）
		5. 表現差的，協助改善 （占10%）	

一、人才，企業最重要的資產

二、絕不當阿諛奉承的部下

我當董事長及執行長時，絕不喜歡阿諛奉承的部下，我想聽真實的員工心聲，我會接納跟我不一樣的見解及不一樣的歧見。

三、主張不同，才是最好

我認為彼此的主張不同，才能琢磨出最恰當的答案，若找到答案，就不該拖延，理應盡快執行。

四、時刻傾聽歧見

在開會過程中，我力主要互相交換歧見，並且要營造出一種能暢所欲言的氣息出來。要做到這個原則，有3大重點要時時注意：

1. 領導者要先專心聆聽別人的意見，最高領導者在會議一開始時，先儘量不要表達自己的意見。
2. 要明定討論的最終期限，並做出最後結論，不可無限期討論下去。
3. 最後，領導者要親口說出組織的方向及最終決定，並對自己的決策負總責。

五、徵求歧見

1. 我認為必須打造出值得信賴的經營團隊，而這個專業的團隊，每個人都要有不一樣的背景，以及不同的強項來互補不足。
2. 最高領導者「不要不懂裝懂」，這是我的領導哲學。
3. 另一個很看重的哲學，就是要「尋求歧見」，也就是要徵求不一樣的意見。
4. 最高領導者必須展現出你有傾聽歧見的雅量。
5. 只要肯虛心接受不同的見解，一定會看到更寬廣的世界。

領導人 11　香港長江集團創辦人：李嘉誠

一、成功就是不斷的學習

讓學習成為一種習慣，最重要的就是要行動起來，充分認識到學習的重要性，將學習視為一種責任、一種追求。

二、成功的企業，必須要有優秀團隊

1. 長江集團的成功，是我的人才團隊造就了成功，成功企業的背後，最關鍵的核心要素，就是要有各種人才所組成的「優秀團隊」。
2. 要善於將一批擁有真才實學的人才，團結在自己周圍。

三、揚長避短，人盡其才

1. 對人才的使用，必須做到儘量用他們的長處、長才，而避掉他們的短處及缺處，每個人都會有短處，老闆也會有缺點的，但，用人不要看其缺點而不用，反而是要看其優點而用他。
2. 只要人盡其才，適才適所，每個人都能得到最大潛力發揮，企業就會成長、成功。

四、視員工為己出，投以溫情，實施溫情管理

雖然，現代化經營管理中，有很多新技術，例如：KPI、績效考核、目標管理、預算管理、實力主義、R&D研發創新、定期查核點等。但，除此之外，我總認為：要視員工為己出，投以溫情，實施「溫情管理」、「人本管理」、「回饋管理」、「真誠管理」，如此，才會得到員工長久的認同感。

五、多傾聽員工的意見

做為最高領導人及中高階幹部主管，必須時常走到第一線去看員工，並傾聽員工的意見與心聲，這將對公司的各項工作，更加得到改善、進步及壯大。

六、只有平庸的將，沒有無能的兵

我認為無能的員工，是平庸的主管所造成的，因此，對各級主管與領導者的育成、提拔及任用，都要非常謹慎及認真去觀察、評價及考核的。

第四篇
人才戰略管理
全方位完整知識

Chapter **1**

人才戰略管理重要觀念、原則及工作領域

一　人才戰略管理的 11 項重要觀念

二　做人資的 10 項基本原則

三　以「人才」為核心的 11 個重要工作領域

人才戰略管理重要觀念、原則及工作領域

一、人才戰略管理的11項重要觀念

有關人才戰略管理的11項重要觀念，如下圖示：

圖4-1(1)　人才戰略管理的 11 項「重要觀念」

1 最重要經營資源

人才，是公司最重要的、最珍貴的資產及經營資源。

2 人才團隊的功勞

任何公司的成功，都不是老闆或董事長一個人的功勞，而是人才團隊所共同努力及創造出來的。

3 老闆孤單一人

老闆要是沒有人才團隊，不過就是孤單一個人罷了。

4 強大產業競爭力

好的人才團隊，可以為公司帶來強大的產業競爭力與深厚的經營實力。

5 永續經營

好的人才團隊，可為公司帶來不斷成長性經營及永續經營。

6 高績效公司

好的人才團隊，才會有高績效的公司。

7 得人才者，得天下也

古人說：「得人才者，得天下也。」

8 人才訂出好策略

公司所有好的策略，都是人才團隊制訂出來的。

9 人才具執行力

公司所有事情，都是人才團隊用心執行出來的。

10 員工賺錢貢獻

公司及老闆每年能夠穩定獲利及賺錢，也都是人才團隊貢獻出來的。

11 IPO

公司能順利IPO（上市櫃），都是人才團隊共同創造出來的。

二、做人資的10項基本原則

人資主管及公司高階主管，必須遵守下述的10項人資基本原則，如下圖示：

圖4-1(2) **10 項做人資的基本原則**

1. 公平原則

秉持公平、公正、公開原則。

2. 適才適所原則

要適才、適所、適時原則。

3. 互動溝通原則

長官與部屬相互間的良好雙向溝通及坦誠。

4. 人才多樣化原則

人才多樣化、多元化、多價值觀、多個性化、多創造化原則。

5. 搭配經營戰略原則

要全力搭配集團及公司的中長期經營戰略與事業成長的人才需求滿足。

6. 支援員工成長原則

要全力支援員工不斷成長、不斷學習的要求。

7. 獎勵原則

要做好對員工的獎勵及激勵，鼓動他們更主動、積極為公司貢獻。

8. 企業文化深入原則

要使員工深入公司的核心價值觀及企業文化內涵。

9. 認同公司原則

要使員工能夠認同公司、肯定公司、支持公司、忠誠於公司，而長期任職。

10. 留住優秀人才原則

勿使優秀人才流失，一定要留住優秀好人才。

Chapter 1

人才戰略管理重要觀念、原則及工作領域

三、以「人才」為核心的11個重要工作領域

做好以「人才」為中心的戰略工作領域，計有下圖所示的11項：

圖4-1(3) 以「人才」為核心的 11 個重要工作領域

① 招才
招聘、招募人才

② 訓才
訓練人才

③ 用才
靈活運用人才、適才適所

④ 晉才
晉升人才職務

⑤ 獎才
獎勵人才

⑥ 考才
定期考核人才

⑦ 留才
留住好人才

⑧ 溝才
與部屬做好溝通

⑨ 長才
人才成長、學習、磨練

⑩ 滿才
人才滿意公司

⑪ 貢才
人才能貢獻知識、經驗、技能給公司

Chapter **2**

人才招聘戰略

人才招聘戰略

一、人才招聘的15種方法或管道

關於人才招聘，計有下列15種方法或管道，如下圖示：

圖4-2(1) 人才招聘 15 種方法／管道

1
刊登人才
徵才網站
（104、1111、
yes123）

2
到校園徵才
（聯合徵才或
個別徵才）

3
員工及幹部
轉介紹

4
與各大學簽訂產
學合作合約書

5
到政府單位舉辦
的工作媒合會

6
提供各大學相關
系所實習名額

7
向外主動挖角
（老闆及幹部
認識的人才）

8
到美國各一流
大學去徵才

9
在各門市店內／
店外張貼徵人
廣告

10
在公司官網
刊登徵才廣告

11
把已退休表現
良好再回聘回來
做顧問

12
舉辦各項競賽的
獲勝小組人才

13
找高階獵人才
公司特別招募

14
在公司官方
粉絲團刊登

15
在各大平面報紙
刊登徵才廣告
（已很少）

二、人才招聘應注意的10個事項

在執行人才招聘時，應注意如下圖示的10個事項：

圖4-2(2)　人才招聘應注意 10 個事項

1 減少負評
公司各部門必須注意減少在社群平台上的各種負評，這對公司有殺傷力。

2 多元管道徵才
公司不能只仰賴人力網站，應更多元化積極完成招才任務。

3 校園徵才
現在愈來愈多徵新鮮人，大都會跑到學校去召募剛畢業大學生或碩士生。

4 加快徵才流程
現在是搶人才時代，公司內部的徵才流程必須快速進行及完成，搶到好人才。

5 拒用跳槽太多人員
對於過往跳槽好多次，每次都待不久的人，應予以拒用。

6 找到最適當人才，而非是聰明人才
如果不是高科技公司，招才是要找到最適合人才，而不是最聰明或最高學歷。

7 儘量內升，不找外面空降幹部
除了少數稀有、獨特人才外，所有的職位，儘量以內升為主，而減少外面空降主管來擔任。

8 人才多樣化政策
因應未來集團及公司事業發展多角化，故在人才招募上，必須配合做到人才招募的多樣化及多元化策略改變配合。

9 未錄取者，也要發出感謝函
除了錄取者，儘快發出錄取通知單或e-mail之外，未錄取者也要發出感謝函，以示未來仍有希望。

10 各項薪獎福利措施必須跟上行業水平
由於時代變化很大，在招才上，公司必須在起薪標準及獎金、福利等水平上，跟上行業標準，否則不易招到好人才。

Chapter 3

人資管理的「DEI」政策

人資管理的「DEI」政策

一、「DEI」的人資意涵

作者本人查閱了日本75家大型上市公司的《統合報告書》（即台灣上市公司的年報）內容中，幾乎每一家的「人資戰略」那一段內容中，都會提到一個字眼，即「DEI」，此顯示這三個英文字代表了人資上的高度重要性。茲就「DEI」解釋如下：

1. D：Diversity（人才多樣化、多元化）

所謂D，即指：Diversity，亦即指公司未來的人才政策，將從過去單一化人才種類，轉型為「多樣化」、「多元化」、「多彩化」、「多價值觀化」的人才政策發展。

為什麼要人才多樣化、多元化呢？主要是為了配合公司中長期經營戰略及事業拓展戰略的多角化而改變的；換言之，未來的公司或集團將不再侷限在原有的單一領域事業，而是跨很多產業及跨領域的事業發展，故必須要有更多樣化、更多元化專業人才的需求。

2. E：Equity（人才平等化、公平化）

所謂E，即指Equity，也就是公司對不同國籍、不同種族、不同性別、不同年齡、不同年資、不同教育程度，將會平等、公平、公正的對待；不會有差別化的歧視對待；這是因應很多日本大企業走向海外、走向全球化布局的人才政策而來的；如此，才能做好全球化事業拓展。

3. I：Inclusion（人才包容化、共融化）

所謂I，即指Inclusion，即是對待任何人才或員工，都必須秉持包容心及共融性，而不可以排斥、排拒某些員工，而能共融在一個團隊組織裡面。

圖4-3(1) 「DEI」的 3 個意涵

D	**E**	**I**
· Diversity · 人才多樣化、多元化、多彩化、多價值觀化	· Equity · 人才平等化、公平化，不可以歧視化	· Inclusion · 人才包容心、共融性，不可以排拒

二、「DEI」對人資管理的5個優點

從日本大型上市公司採行「DEI」政策多年之後，他們歸納出5個優點結果；如下圖示：

圖4-3(2)

1 避免同質化

DEI政策可為組織帶來避免人才太過同質化及同個觀點化，這會阻礙公司的進步與成長。

2 多元化價值觀

DEI政策可為組織帶來更多元化的價值觀、更多元的創意力、更多元的做事方法，這也為組織帶來進步。

3 帶動新事業拓展

DEI制度引進不同專業人才，可為公司或集團開展出更多新領域的事業發展。

4 促進組織活躍性

DEI政策為日本上市大型公司的組織體，帶來更大的活性化及活躍性，使組織潛能更大發揮。

5 促進組織良性競爭

DEI政策推動，使激發出組織內部與員工之間的良性競爭，使大家更成長。

三、如何做好人才Diversity（多樣化、多元化）

日本上市大型公司在人才多樣化、多元化政策推動方面，採取如下5個方法：

圖4-3(3) **如何做好「人才多樣化」的政策執行方法**

1 高階領導人宣布

由公司最高領導人正式宣布推動人才多樣化、多元化的新人事重大政策，大家不可違反此大政策。

2 成立「人才多樣化推進委員會」

DEI政策可為組織帶來更多元化的價值觀、更多元的創意力、更多元的做事方法，這也為組織帶來進步。

3 訂出推進計劃

由人資部會同相關部門共同制訂此委員會的具體執行事項，執行進度，以及KPI指標。

4 各部門主管配合推進

計劃訂定及討論之後，即進入各部門的執行工作。

5 每季／每年檢討推動進度

人資部門每季、每年，都須舉行一次此委員會的工作檢討報告會議，以掌握進度如何。

四、人才多樣化、多元化的企業案例

圖4-3(4)

1 遠東集團
・水泥人才
・紡織人才
・金融人才
・電信人才
・航運人才
・零售人才

2 統一集團
・食品飲料人才
・超商人才
・量販人才
・百貨公司人才
・藥妝店人才
・咖啡館人才
・建設人才
・證券人才

3 富邦集團
・銀行人才
・保險人才
・證券人才
・電信人才
・電商人才
・有線電視人才

4 鴻海集團
・手機組裝人才
・電腦組裝人才
・伺服器人才
・半導體人才
・量子計算人才
・低軌衛星人才

5 日本SONY集團
・電影人才
・音樂人才
・音響人才
・家電人才
・手機人才
・電玩人才
・金融人才

6 伊藤忠大商社
・機械人才
・能源人才
・化學材料人才
・食品人才
・原物料人才
・建材人才

7 韓國三星集團
・半導體人才
・家電人才
・手機人才
・其他30多種事業人才

8 民視
・新聞人才
・節目人才
・網路新聞人才
・保健品行銷人才（娘家）
・藝人培育人才

Chapter 4

人資部門的成效／績效 27 個指標

一 人資部門年度工作績效 27 個指標項目

人資部門的成效／績效 27 個指標

一、人資部門年度工作績效的**27**個指標項目

（一）人資部門績效／成效的**27**個指標項目有哪些？

人資部門跟其他部門一樣，他們每年度也必經交出他們自己的工作成績單表現。人資的年度工作「績效指標」，共計有如下圖示的27個項目：

圖4-4 人資部門年度工作績效指標項目

---

1 離職率

(1) 今年離職人數、離職率，以及離職人數多少？
(2) 與過去相比又如何？

---

2 教育訓練

(1) 今年上課總人數多少？總次數多少？總花費多少？
(2) 平均每人多少小時？
(3) 平均每人多少費用？

---

3 人事晉升

(1) 今年度晉升多少人？
(2) 各種職位晉升多少人？
(3) 中、高階主管晉升多少人才？

---

4 人士外派

(1) 今年度外派海外幹部人數有多少人？
(2) 分布在哪些國家及地區？
(3) 外派之前訓練多少人次？

---

5 新進人員

今年各部門計新進人員多少人？合計多少人？

---

6 女性活躍推進

(1) 今年任用多少女性員工？占多少比例？
(2) 今年女性擔任主管占比例為多少？與去年相比較為何？

---

7 人才多樣化推進

(1) 今年度外派海外幹部人數有多少人？
(2) 分布在哪些國家及地區？
(3) 外派之前訓練多少人次？

---

8 考核／考績執行

(1) 今年度各項考核／考績執行完成狀況如何？
(2) 各級主管與部屬相互溝通面談記錄是否完成？

---

9 員工民調

(1) 公司內部各科民調執行狀況如何？完成那些民調？民調百分比是否有進步？
(2) 民調提出意見，是否受到重視？

---

10 員工健康促進

(1) 今年度員工健檢人數多少？完成率是多少？
(2) 今年度員工重大疾病人數多少？占比多少？
(3) 今年度工作職場健康預防做了哪些事項？

---

11 員工安全性

(1) 今年度在工廠內工地、建廠等地點的安全性措施做了哪些？
(2) 發生工安多少件？工安比例是多少？
(3) 工安訓練狀況如何？

---

12 員工調動、異動

(1) 員工主動提出調動／異動多少人數？
(2) 公司主動調動／異動人員數多少？
(3) 員工對調動／異動滿意度？

---

13 員工成長性

(1) 調查各級主管對其部屬近一年來的成長性及進步性的狀況如何？
(2) 全公司被民調為具有成長性比例多少？維持現狀比例多少？退步比例多少？

14 員工正常休假狀況

各級、各部門員工是否有正常休假及特休假？正常比例是多少？不正常比例是多少？

15 招才滿意度

各部門、各工廠對人資部門在招才需求上的滿意度如何？是否招到滿意的人才？

16 配合中長期經營戰略

調查人資部門在配合中長期經營戰略對各種人才需求的工作成果滿意度如何？做了哪些具體成果？

17 員工加班

員工晚上加班的現象是否已減少？減少多少比例？與去年相比又如何？

18 留住人才

原本想離職員工有多少人？經人資部門懇談後，留住多少人才？

19 改善職場工作環境

(1) 人資部門今年內做了那些改善職場／工作環境？
(2) 員工民調對職場環境滿意度是否提升？

20 員工參與感

民調員工對公司的參與感及認同感／肯定感是否提升？

21 形塑企業文化

今年人資部內在形塑及深化企業文化及組織文化方面，做了哪些具體工作？

22 員工獎勵

(1) 今年公司獎勵了多少優良員工人數？比去年比較是否增加？
(2) 員工受外部獎勵人數有多少？

23 經營型及高階領導型人才育成

今年內，在重要「經營型」人才及「高階領導型」人才的儲備育才方面做了哪些工作？又有多少人才？

24 人才庫

今年公司各級主管、各種專業人才的人才庫已累計多少人？占比又多少？成長率又多少？

25 舉辦員工休閒活動

今年舉辦多少員工集團或小型的休閒、旅遊、運動等活動次數／人數／及成效如何？

26 員工自主外部進修

(1) 今年員工自主自律在外部大學、研究所、機構上課及進修的人數、比例、內容為何？
(2) 外部進修帶動員工進步的狀況如何？

27 公司獲獎

(1) 健康經營優良公司
(2) 最佳人氣公司
(3) 最佳幸福企業

「人才戰略」與「經營戰略」的密切配合、連結及一致性

一、人才戰略與經營戰略一致性

人才戰略不可能獨立存在的，它在企業中是扮演「支援人才」的功能，要支援誰呢？一個是支援各部門、各工廠、各中心的人才需求；另一個更大的目標功能，那就是支援公司或集團的「中長期（5～10年）成長型經營戰略」的人才需求。所以說，人才戰略必須與經營戰略密切配合及一致性。

圖4-5(1)

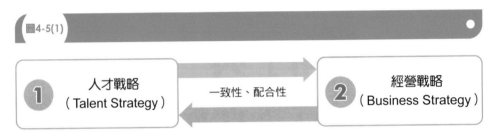

二、未來3年～10年的短、中、長期人才戰略需求

如果以時間軸來看的話，人資部門必須做好準備各事業部門及各子公司未來3～10年的短、中、長期各種人才的戰略需求。

圖4-5(2)

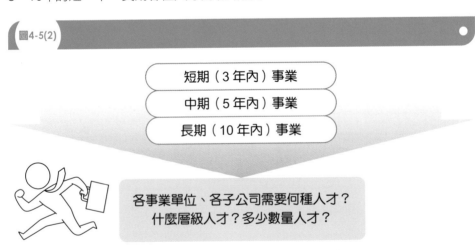

三、短、中、長期經營5大面向人才戰略需求

若以面向來看,大致有5種人才戰略需求,如下圖示:

圖4-5(3)

① 加速展店事業發展
➡ 需求全球化經營管理及行銷人才

② 多角化事業發展
➡ 需求多角化經營人才

③ 加速展店事業發展
➡ 需求店長級經營人才

④ 深耕既有事業發展
➡ 需求既有事業深化人才

⑤ 開展新事業、新領域發展
➡ 需求新領域、新事業經營人才

四、成功案例

茲圖示如下人才戰略配合經營戰略的成功案例:

圖4-5(4)

案例 1
統一超商、全家、大樹藥局、寶雅、王品、饗賓餐飲等

加速展店戰略 ➡ 需求更多店長及區督導經理人才。

案例 2
日本三井不動產

加速多角化outlet及購物中心發展戰略 ➡ 需求更多大型outlet及大型購物中心經營管理人才。

案例 3
遠東集團

加速朝向零售事業及電信事業發展戰略 ➡ 需求更多百貨公司、超市、量販店、購物中心及電信事業的經營人才。

案例 4

富邦集團

加速朝向電信及電商事業發展戰略 ➡ 需求更多電信及電商（momo）經營人才。

案例 5

台積電

持續深耕半導體晶片高端研發事業戰略 ➡ 成立「全球研發中心」，組成8,000人先進研發中心。

案例 6

台積電

開展全球布局事業戰略 ➡ 需求在美國、日本、德國新設工廠的經營人才及製造／品管人才。

案例 7

王品餐飲集團

加速深耕國內餐飲市場戰略 ➡ 需求更多新品牌經營的不同餐飲口味的經營人才及主廚人才。

案例 8

台灣電子五哥

加速將供應鏈從中國移出轉向東南亞、印度、墨西哥戰略 ➡ 需求更多派往越南、印度、印尼、泰國、馬來西亞、墨西哥的建廠人才、製造人才及經營人才。

案例 9

民視及TVBS電視台

未來將擴張到老年保健品經營戰略 ➡ 需求更多保健品經營、行銷、通路代工的新事業人才
➡ 民視：娘家品牌
➡ TVBS：享食尚品牌

Chapter 6

人才育成／人才成長的八種方法與途徑

人才育成／人才成長的八種方法與途徑

一、OJT（工作中自我學習成長）

每個員工工作中的自我學習成長是最主要的成長方法，因為，每個員工每天工作8～10小時，在這麼長時間工作中，必然有很多可以學習成長的地方。

在OJT中，最重要的學習成長，主要有3種；如下圖示：

圖4-6(1) OJT 工作中自我學習成長的 3 種

1 聰明工作（Work Smart）
- 如何更聰明的工作，而不是笨笨的工作。
- 如何引進更好的工作方法、改革既有方法工作。

2 更有效率工作（efficiency）
如何使工作完成，能更有效率、更快的完成工作。

3 更有效能工作（effective）
如何做對的工作、做更有貢獻的工作。

二、OFF-JT（工作外學習成長）

除了工作中自我學習之外，更多的是工作外學習成長（OFF-JT）。工作外學習成長，主要有3種；如下圖示：

（一）參加公司開設的研修課程

圖4-6(2)

1 全球化派遣研修
2 專業知識深入研修
3 中堅幹部儲備研修
4 高階主管儲備研修

（二）赴外面的研修課程

圖4-6(3)

1	2
各大學研究所開設的碩士在職專班（晚上上課）或（週六／週日）上課	各機構開設的實務講座及課程

（三）公司內部讀書會

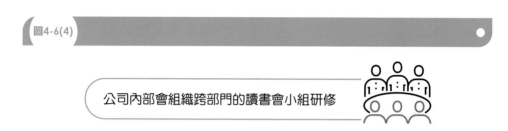

圖4-6(4)

公司內部會組織跨部門的讀書會小組研修

三、工作職務輪調／異動學習成長

　　第3種方式，就是可以自請輪調／異動，或公司定期性規劃輪調／異動。例如：原來在幕僚單位的，可以自請輪調到業務單位去歷練；或者是原來在非銷售單位而自請輪調到銷售單位去歷練等均是，此舉也可以自我尋求學習成長。

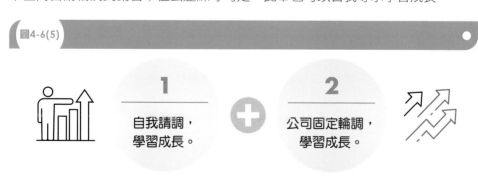

圖4-6(5)

1	2
自我請調，學習成長。	公司固定輪調，學習成長。

四、員工平常自我閱讀學習成長

　　員工平常自我閱讀學習成長，也是很重要的一種自我成長的方法，透過各種

閱讀，可以使你增長見識，多方了解你不知道的事情，可以加速累積你的知識及常識，包括圖示的5種管道閱讀：

圖4-6(6)

1 閱讀財經／商管雜誌	2 閱讀財經報紙	3 閱讀財經商管專書
例如：《商業周刊》、《今周刊》、《天下》、《遠見》、《經理人月刊》、《數位時代》、《動腦雜誌》。	例如：《經濟日報》、《工商時報》、《聯合報》財經版、《中國時報》財經版。	例如：各大出版社所出的國內外商業、管理、行銷、經營專書。

4 觀看財經電視新聞台	5 點閱財經新聞網站
例如：有線電視非凡財經台、東森財經台、三立財經台。	例如：《經濟日報》新聞網、《工商時報》新聞網。

五、晉升主管學習成長

第5種成長方法，就是給他晉升一個主管級工作，這樣也可使員工自我學習成長。像是有下列圖示的職稱晉級：

圖4-6(7)

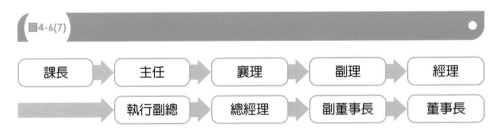

課長 ➡ 主任 ➡ 襄理 ➡ 副理 ➡ 經理

➡ 執行副總 ➡ 總經理 ➡ 副董事長 ➡ 董事長

六、轉調子公司晉升高階主管學習成長

第6種成長方法，就是很多的企業集團經常會成立很多子公司，裡面有不少高階主管的空位，可由總公司派人出去接任；如此亦可讓總公司的更多人才學習成長。

圖4-6(8)

總公司、總部人才 → 外派出去擔任旗下子公司的高階主管位置（包括：總經理及各部門副總經理）

圖4-6(9)

案例 1

宏碁集團

旗下十家子公司均上市櫃成功，各子公司需求十位總經理及五十多位副總經理的新位置。

案例 2

王品集團

每年新增2～3個新餐飲品牌，需求3位品牌總經理各幾十位店長級新位置。

案例 3

三井不動產

　五年內在全台開出3家outlet及3家購物中心，需求6位總經理及幾十位副總經理。

案例 4

台積電

布局全球計劃，需求派駐在美國、日本及德國三地的董事長、總經理及廠長新位置。

案例 5

統一企業集團

旗下20多家子公司，需求各子公司的董事長、總經理、副總經理等數十位新位置。

案例 6

日本SONY、Panasonic、大金、日立、朝日、麒麟、TOYOTA、NISSAN、HONDA

五年內在全台開出3家outlet及3家購物中心，需求6位總經理及幾十位副總經理。

七、重要專案歷練學習成長

第7種方法是，公司給予某位有潛力的儲備人才，給予某項重要專案，由他召集相關人員，組成專案小組去執行推動，如此，也可給予歷練及學習成長的機會。

圖4-6(10)

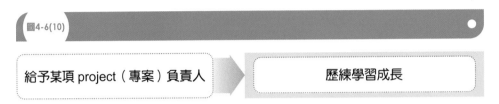

給予某項 project（專案）負責人 ➡ 歷練學習成長

八、大型簡報會／發表會學習成長

第8種方法是，公司給予某位有潛力儲備人才，給予他擔當公司對內或對外的重要大型簡報會／發表會的「簡報人」機會，也可以歷練成長。

圖4-6(11)

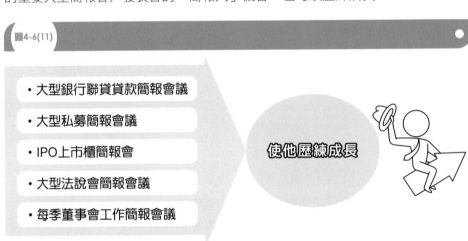

- 大型銀行聯貸貸款簡報會議
- 大型私募簡報會議
- IPO上市櫃簡報會
- 大型法說會簡報會議
- 每季董事會工作簡報會議

使他歷練成長

九、小結

兹將本章所述的8種人才育成／人才成長的方法及途徑圖示如下：

圖4-6(12)

1 ─── OJT（工作中學習成長）（on the job training）

2 ─── OFF-JT（工作外學習成長）

3 ─── 工作職務輪調／異動學習成長

4 ─── 員工平常自我閱讀學習成長

5 ─── 晉升主管學習成長

6 ─── 輪調子公司晉升高階主管學習成長

7 ─── 給予重要專案歷練學習成長

8 ─── 大型簡報會發表學習成長

Chapter 7

個人能力＋組織能力並重
→ 壯大公司整體競爭力

個人能力＋組織能力並重 → 壯大公司整體競爭力

一、「個人能力」的不斷成長與最大發揮

在人才戰略管理裡面，有一個重點，就是員工「個人能力」（personal capability）能夠「不斷成長」與「最大發揮」，如果每個員工個人能力都能得到不斷成長、發揮與壯大，那整個公司也就會跟著壯大起來了，如下圖示：

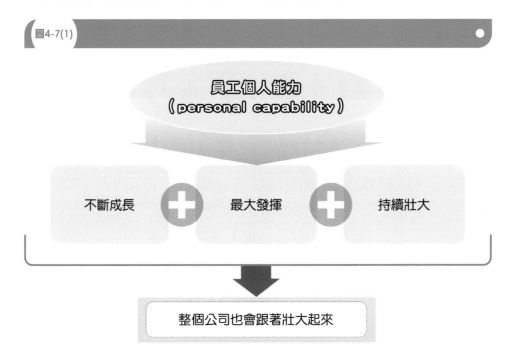

圖4-7(1)

員工個人能力
（personal capability）

不斷成長　＋　最大發揮　＋　持續壯大

整個公司也會跟著壯大起來

二、「組織能力」的不斷提升與創造價值

另外，人才戰略管理裡面，除了員工「個人能力」不斷成長、發揮及壯大之外，每個部門的「組織能力」（organizational capability），也要跟著提升及創造更多新價值出來。

圖4-7(2)

每個部門：組織能力
（organizational capability）

不斷提升 創造更多新價值出來

整個公司也會跟著創造更多、更高新價值出來

圖4-7(3)

組織能力的2大分類

1 營運／業務部門（line）　　　**2** 幕僚功能部門（staff）

營運／業務部門（line）	幕僚功能部門（staff）
(1) 研發部	(1) 財務部
(2) 商品開發部	(2) 人資部
(3) 採購部	(3) 資訊部
(4) 設計部	(4) 法務部
(5) 製造部	(5) 企劃部
(6) 品管部	(6) 總務部
(7) 物流部	(7) 稽核部
(8) 銷售部	(8) 股務部
(9) 行銷部	(9) 公關室
(10) 售後服務部	(10) 特助室
(11) 會員經營部	
(12) 技術部／工程部	

形成強大的組織能力

三、個人能力＋組織能力並重→公司整體競爭力

如果員工「個人能力」強大，再加上所有部門的「組織能力」也強大，那麼公司整體競爭力也就會跟著強大，最後，就是一個卓越、成功、成長型的優良大企業。

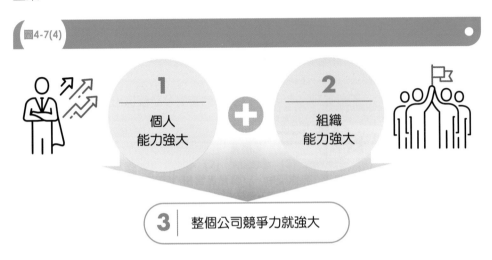

圖4-7(4)

| 1 個人能力強大 | ＋ | 2 組織能力強大 |

3 整個公司競爭力就強大

四、如何強化及提升每個員工「個人能力」不斷成長與進步的8個方法

從全方位角度看，如何強化及提升每個員工「個人能力」不斷成長與進步的8個方法，如下圖示：

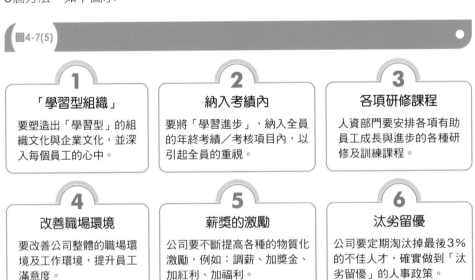

圖4-7(5)

1 「學習型組織」
要塑造出「學習型」的組織文化與企業文化，並深入每個員工的心中。

2 納入考績內
要將「學習進步」，納入全員的年終考績／考核項目內，以引起全員的重視。

3 各項研修課程
人資部門要安排各項有助員工成長與進步的各種研修及訓練課程。

4 改善職場環境
要改善公司整體的職場環境及工作環境，提升員工滿意度。

5 薪獎的激勵
公司要不斷提高各種的物質化激勵，例如：調薪、加獎金、加紅利、加福利。

6 汰劣留優
公司要定期淘汰掉最後3%的不佳人才，確實做到「汰劣留優」的人事政策。

7	**8**
成果與實力主義	**自律／自發成長**
公司要貫徹成果主義及實力主義的人事考核政策。	員工要自己自律性、自發性追求自己的不斷成長。

五、如何提升每個部門的「組織能力」

最後，如何提升公司每個部門的「組織能力」，那就要看每個部門的一級及二級主管強不強了，所以要做好對各部門一級、二級主管的考核、考績工作。

圖4-7(6)

如何提升公司每個部門、每個工廠、每個子公司的「組織能力」

➡ 要嚴格考核／考績每個部門、每個工廠、每個子公司的一級及二級主管有沒有帶好他們的部門。

➡ 所以，各部門的副總經理及協理／經理，必須負起帶人的責任！

Chapter **7**

個人能力＋組織能力並重↓壯大公司整體競爭力

Chapter **8**

如何打造「學習型組織」

如何打造「學習型組織」

一、「學習型組織」最好範例

其實,國內企業「學習型組織」最好的範例,就是:台大醫院及台北榮總醫院。這兩家醫學中心的醫院,是國內最頂尖的國家大型醫院,他們裡面有些醫生成為教授級醫生,不但要上課教書、看病人、開刀、看國外最先進醫學論文及撰寫論文;各科別又要每週開會討論案例;可說是非常忙碌,以及高度學習型組織體。

另外,像作者本人所在的大學,每個月也要負責上課教書、寫小論文發表、寫專書、輔導學生等多元工作等,而且每3～5年,就要接受學校人事室的評鑑,壓力也不小,也可視為高度學習型組織的一種。

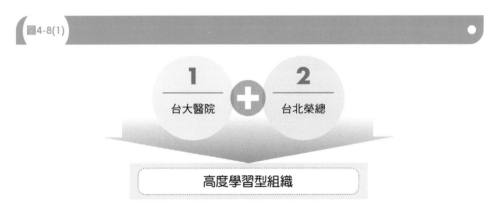

圖4-8(1)

1 台大醫院 ＋ 2 台北榮總

高度學習型組織

二、日本大企業7成有成立「企業大學」或「企業學院」

在最前面章節中,提到作者本人翻譯、閱讀過許多家日本大型上市公司,幾乎70%以上公司,都設置有兩種負責研修及教育訓練的機構,他們稱為:企業大學(University)或企業學院(Academy)。

這兩種單位都由人資部門負責統籌規劃及推進執行;顯示出這些日本數十家大型上市公司,他們對於企業內部組織及個人的研修、學習及教育訓練的重視程度是非常之高的。

圖4-8(2)

| 企業大學
（University） | **VS** | 企業大學
（University） |

負責全集團、全公司各級員工的教育訓練、研修、上課專案（program）的推進

三、統一超商前總經理徐重仁的自我學習方法

已經卸任多年的知名統一超商前總經理徐重仁，在位時，曾提出他的學習觀：

圖4-8(3)

統一超商前總經理的學習觀

1. 每天一定讀書30分鐘
2. 每天收看日本財經／商業電視台
3. 每周定期閱讀日本商業周刊雜誌
4. 每年一次赴日本參訪日本零售業及超商最新發展
5. 每天主持國內統一超商各種會議的學習及成長

四、打造「學習型組織」的10種方法

如下圖示：

圖4-8(4)

1
從老闆、董事長本人做起，宣示公司進入一個人人都要做到的：「學習型組織」。

2
納入企業文化、組織文化、核心價值觀的一個重要成分。

3
成立專責的企業大學、企業學院、訓練中心、培訓中心等單位，負責此事之推動。

4
專責人資單位，要訂出各種層級的研修計劃（program）、時程、預算及受訓人員。

5
各部門自己組成「讀書會小組」推動。

6
要求經理級以上中／高階主管，每人每季閱讀一本商管書籍，並且寫心得報告上呈董事長。

7
定期提拔既會做事，又會學習進步的優良人才。

8
獎勵公司內部優良的講師群，給予榮耀獎盃。

9
獎勵各項培訓計劃班的前3名受訓人員。

10
每年舉辦一次「學習研修表現優良員工」的表揚大會，由董事長主持。

Chapter 9

晉升人才戰略

晉升人才戰略

一、晉升人才的重要性與優點

每個員工都會想晉升職級與職稱，所以晉升人才戰略是企業人資管理極為重要的一環。讀者們看新聞時，可以觀察到國防部每年元月1日，都會公開舉辦軍官晉升「少將」、「中將」、「上將」級的人事令，以及歷屆總統親自頒授軍銜的電視畫面，此舉顯示，連政府國防部每年一次晉升將級的固定流程，這也是人資的一環。

對企業界而言，晉升人才的固定作業，具有如下圖示的4項優點：

圖4-9(1) **晉升人才的 4 項優點**

1. 肯定員工表現

晉升人才，是表現公司對一些表現優良且具領導力的員工們，給予的肯定與獎勵，希望他們再接再勵，持續貢獻。

2. 促進人事新陳代謝

晉升人才，可以促進組織人事的向上流動及組織的新陳代謝，使組織永保年輕化。

3. 拔擢人才

晉升人才，就是一種從幾十人、幾百人中，挑選出最有能力、最有品德、最有領導力的次世代領導群人才。

4. 組織良性循環與暢通

晉升人才，也可促進組織良性循環與暢通，從而提升組織能力與競爭力。

二、晉升人才的職稱路徑圖

一般公司各部門比較廣用的職稱，如下圖示：

圖4-9(2)

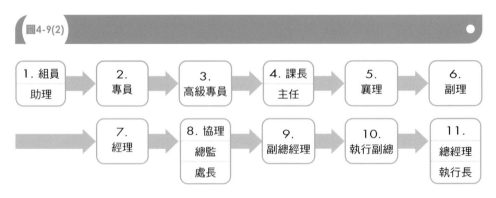

1. 組員 助理 → 2. 專員 → 3. 高級專員 → 4. 課長 主任 → 5. 襄理 → 6. 副理 → 7. 經理 → 8. 協理 總監 處長 → 9. 副總經理 → 10. 執行副總 → 11. 總經理 執行長

三、公司各長的職稱

有些公司對各部門最高主管的職稱，不是用「副總經理」職稱，而是用「長」，如下圖示：

圖4-9(3)

① 營運部：營運長（COO）	⑨ 法務部：法務長（CLO）
② 財務部：財務長（CFO）	⑩ 資訊部：資訊長（CIO）
③ 人資部：人資長（CHRO）	⑪ 研發部：研發長（CRO）
④ 策略規劃部：策略長（CSO）	⑫ 商品開發部：商開長（CGO）
⑤ ESG部：永續長（CSO）	⑬ 採購部：採購長（CPO）
⑥ 行銷部：行銷長（CMO）	⑭ 設計部：設計長（CDO）
⑦ 製造部：廠長（CMO）	⑮ 會員經營部：會員長（CMO）
⑧ 物流部：物流長（CLO）	

四、成立「人才晉升評議委員會」

對於晉升人才，一般大型公司會成立專責組織來負責，主要有兩種會議名稱：

〈名稱1〉「人才戰略委員會」

〈名稱2〉「人才晉升評議委員會」

這個單位的組成人員，包括：董事長、總經理、各部門一級主管（副總經理）及人資部主管及承辦人員。如此，可避免單一部門、單一主管的私心晉升，而是要經過一個共同委員會討論及同意通過才可以。

圖4-9(4)

「人才晉升評議委員會」 ➡ 負責公司各部門、各層級人才晉升的討論及決議

五、人才晉升，薪水也跟著增加

人才晉升通過之後，其個人薪水也會跟著增加；包括：主管加給的增加，以及經由董事長、總經理親自核定的底薪增加，兩個部分。薪資的增加，再搭配職稱的晉升，這兩者都是對各位晉升人才的高度肯定及激勵。

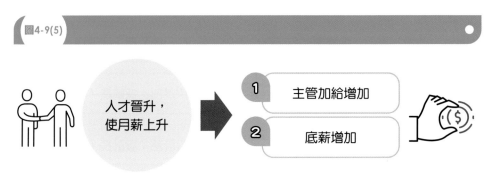

圖4-9(5)

人才晉升，使月薪上升 ➡
1 主管加給增加
2 底薪增加

六、人才晉升的時間點（固定與彈性時間）

人才晉升的時間點，有兩種狀況：

（一）固定的「人評會」

有些大公司比較有制度化運作，亦即在每年12月或每年7月，舉行一次「年度人評會」（人事評議委員會），把所有各部門報上來要晉升的名單，一次性予以討論及決議。

（二）彈性的「人評會」

除固定的上述每年一次「人評會」外，當有少數重要職位、重要人員要機動晉升時，人資部也要彈性臨時舉行「人評會」，以滿足公司人事晉升上的營運需求。

圖4-9(6)

1	2
固定每年 1 次的「人評會」 （每年 12 月或 7 月）	彈性的「人評會」 （不定時機動舉辦）

討論、審查及決定各部門要晉升的人才

七、晉升人員要填報晉升原因及晉升考績與表現

凡是各部門提報要晉升的人員，一定要填寫晉升人員過去以來的年度考績等級、表現、對公司貢獻、領導力、潛在發展、能力、品德等資料，以供「人評會」各級長官參考。

Chapter 10

人才舞台戰略

人才舞台戰略

一、人才舞台的重要性

人才要給他們晉升，更要給他們舞台，這是人資單位的重要工作，人才舞台的重要性有3項，如下圖示：

圖4-10(1) **人才舞台的 3 個重要性**

1
給人才新希望
要給員工向上成長、向上發展、向上晉升的更多機會與希望。

2
避免離職／挖角
人才有了新舞台，就可以留住員工，不使其被其他公司挖角或離職。

3
不會失去努力動機
員工一旦沒有向上成長的舞台空間，就會失去持續努力的心志與動機。

二、提供人才舞台向上成長的10個發展戰略

就實務面來說，公司可採取下列10種發展戰略，可以提供給人才更多的新舞台、新希望，如下圖示：

圖4-10(2)

1 集團化發展
公司擴大成長為企業集團

2 子公司化發展
公司成立更多子公司、孫公司

3 多品牌發展
公司增加更多新品牌經營

4 多產品線發展
公司增加更多新產品線經營

5 多角化事業發展
公司朝向更多角化新事業發展

6 海外事業／全球化事業發展
公司邁向海外及全球化各國事業發展

7 併購事業發展	**8** 多工廠化發展	**9** 快速展店發展
公司透過併購事業，也可以提供更多舞台	公司透過國內及國外增設工廠發展	公司在國內及海外快速展店，擴張舞台空間

10 多事業部發展

公司成立新事業部發展

圖4-10(3) 宏碁集團在五年內成立 10 家子公司並申請 IPO，增加新舞台空間 ●

成立10家IPO子公司創造出人才新舞台

1. 需求10位董事長

2. 需求10位總經理

3. 需求：5位×10家＝50位副總經理級部門主管

4. 需求：5位×10家＝50位協理級部門主管

三、小結：留住更多好人才，形成組織良性循環

圖4-10(4) ●

創造更多人才新舞台

↓

就能留住更多優秀好人才

↓

組織就更能新陳代謝及良性循環

↓

集團及公司就更加壯大、擴張及永續經營

Chapter 11

人才薪獎戰略

人才薪獎戰略

一、對員工的2大獎勵方式

對員工的2大獎勵方式，主要有如下圖示：

圖4-11(1)

1 經濟物質面獎勵
給予金錢物質上的實際獎勵

＋

2 精神心理面獎勵
給予非金錢的心理面及
精神面的獎勵

⬇

對員工的全方位、有效的獎勵及激勵

二、經濟物質面的獎勵

綜合企業實務上，對員工的經濟物質面獎勵，計有下列圖示的十多種方式：

圖4-11(2)　對員工給予經濟物質面的獎勵方式

1	**2**	**3**	**4**
月薪提高、加薪	年終獎金增加	分紅獎金增加	季獎金增加

5	**6**	**7**	**8**
半年獎金增加	三節獎金增加	研發創新獎金增加	創意提案獎金增加

9	**10**	**11**	**12**
開放員工認股	新品開發上市成功獎金增加	生產良率提升成功獎金增加	高階主管給予公司派車使用

13	**14**	**15**	
高階主管給予秘書	高階主管給予個人辦公室	員工旅遊獎金補助增加	

三、精神心理面的獎勵

除上面經濟物質面的各項實質金錢獎勵外，公司亦可以在精神及心理面給予員工獎勵，如下圖示：

圖4-11(3)　對員工給予精神心理面的獎勵方式

1	**2**	**3**
董事長、總經理在各項會議上的口頭讚美	舉行表彰大會，加以表揚	頒發獎狀及獎盃

4	**5**
長官與員工們聚餐慶祝	將獎勵事項發布在公司內部員工網路上以揭示表揚

四、獎勵員工的時間點

對員工的獎勵時間點，可有兩種方式，如下圖示：

圖4-11(4)

① 及時獎勵
對於員工重大成功事件，應可及時加以獎勵，頒發獎金及獎盃。

➕

② 定期獎勵
依公司各項制度規定，在固定期間內，舉行獎勵大會。

五、員工獎勵案例：台積電的員工年度分紅獎金

茲以國內及全球第一大先進晶片製造公司台積電為例；該公司近年來，每年的稅後盈餘幾乎都在8,000億元以上，若乘上提列5％，當做該公司全體員工的分紅獎金的話，每年就有400億元可分配紅利，該公司國內外計有7萬人員工，據報載，平均每人每年可分配到180萬元的年度分紅獎金，很令其他公司員工羨慕。

圖4-11(5)

台積電公司
稅後獲利9,000億×
5%提撥率
＝400億元分紅獎金

- 計7萬名員工
- 平均每人員工可分配到：180萬元年度分紅獎金

台積電研發及技術經理級主管：平均每人可拿到1,000萬元以上的年度分紅獎金

台積電最高主管，即董事長及總裁兩人；每人每年可拿到6億元的巨額年度分紅獎金。（嚇死人的巨額分紅獎金）

Chapter 12

留住人才戰略

留住人才戰略

一、留住好人才的重要性

「留住人才」是企業人資部門的重要工作及任務之一，其重要性如下圖示：

圖4-12(1) 留住人才的 4 項重要性

1 跑到競爭對手，禍害更大

對於重要人才如果留不住，跑到競爭對手那裡去，那對公司的禍害就更大。

2 浪費培訓成本

重要人才的流失，也算是浪費了很大的人才培訓成本。

3 影響組織戰鬥力

如果某些單位的關鍵人才跑掉了，那對公司某些單位的組織戰鬥力會有損壞。

4 做不好示範

如果太多人才陸續離開，將會產生對現有員工不好的示範，也會影響現有員工的不好心理影響。

5 挖角其他同仁離開

有些關鍵人才離開了，更有可能挖角其他友好同仁離開，更對組織產生不好影響。

二、留不住好人才及人才流失的12個可能原因

公司長期經營下來，如果留不住好人才，有10個可能原因，如下圖示：

圖4-12(2) **留不住好人才及人才流失的 12 個可能原因** ●

1

薪獎偏低

- 公司的月薪及各項獎金均偏低。
- 整體年薪算起來，也比其他對手公司偏低。

2

職稱偏低，未晉升主管級

有些優秀人才，因身處在大公司中，但既有主管尚很年輕，升不上去，因此離職。

3

公司發展前途有限

優秀員工覺得公司是中小企業，未來公司及個人的發展前途都有限，因此選擇提早離開。

4

與直屬長官不合

有些員工與單位的直屬長官不合，覺得長官不夠公正、故意壓抑他，故也選擇儘早離開。

5

不認同公司文化

有些比較剛正不阿的員工，不認同公司的某些文化，甚至不認同老闆的個人風格，也可能選擇離開。

6

不認同組織官僚化

有些大組織、老公司很官僚化，拍馬逢迎、死氣沉沉，有些員工也會提早離職。

7

公司整體福利不佳

公司除薪獎之外，在整體福利上也不佳，這會使不少員工離開。

8

工作壓力太大、身體不適

公司工作壓力太大，經常加班，使員工身體不適，也會使人離開。

9

工作地點太遠、交通不便

有些公司在較偏遠地區，交通不便，也會提高離職率。

10

與單位中的一些同仁不合

有些員工與同單位中的一些同仁不合、爭吵、爭權奪利，也使人離開。

11

生涯另有規劃

生涯另有規劃，是常見的離職原因。

12

自行創業

有少數優秀、聰明、有做生意頭腦的人才，出去自行創業的也常見。

三、如何留住好人才的10種作法

企業到底應如何留住好人才的10點作法，如下圖示：

圖4-12(3)　如何留住好人才的 10 點作法

1 改善整體薪獎及福利

公司的整體薪資、獎金及福利，這是留住好人才的最根本；公司老闆及高階長官必須努力改善，追上產業平均水平才行，甚至超過水平。

2 建立新陳代謝與人才晉升制度

公司必須有制度化的新陳代謝及人才晉升制度，才能使排隊在後面的年輕人有晉升機會，才能留住好人才。

3 擴大公司營運，開展更多舞台

公司最重要的就是要不斷擴大營運規模及不斷成長，才能有更多子公司或新事業部門的舞台空間出來，才能留住好人才。

4 加強各級領導主管的領導力

公司應加強各級領導主管的領導力，才能管好底下部屬，若各級主管不行，那好人才也留不住。

5 改善不好的企業文化

公司有些企業文化及老闆文化是不好的，這一點也要加強改善，否則，好人才也留不住。

6 改善官僚化、派系、逢迎拍馬

有些大組織、老公司，經常有官僚化、派系化、逢迎拍馬的現場，這也留不住好人才。

7 改善職場環境與員工參與度

工作職場不夠好、不夠安全，再加上員工參與度很低，也是留不住好人才的。

8 加強主管與員工的雙向溝通

在年終考績時，必須加強主管與員工的雙向溝通，避免員工誤解而離開。

9 減少加班、減少太大工作壓力

現在年輕人不能接受經常加班及工作壓力太大的工作，才能留住好人才。

10 改善員工交通問題

最後，是改善員工交通問題，也可以留住一些偏遠地區的員工。

Chapter 13

活用人才戰略

活用人才戰略

一、活用人才的「3適原則」（適才、適所、適時）

企業必須強調及重視如何才能真正做好「活用人才」。活用人才的根本「3適原則」，即是如下圖示：

圖4-13(1) 活用人才的「3適原則」

1
適才
工作的職位，
適合他的才能

+

2
適所
工作的部門及職位
適合他的才能
發揮

+

3
適時
在適當時機，
進到適當的工作
位置上

人盡其才

活用人才

二、每年一次，召開各部門「用人檢討會議」的3個功能

凡是大公司或是上軌道、有制度化的公司，其人資部門大約每年一次會請董事長或總經理召開各部門、各工廠、各中心、各海外公司、各子公司的「用人檢討會議」。主要由各部門一級主管負責提報。此會議功能主要有3個，如下圖示：

圖4-13(2) 「用人檢討年度會議」的 3 個目的及功能

1
凡是有不適合的、想異動的、想調職的、想輪調的員工，都可以在此會議上提出或請示。

2
檢討該部門的每個員工，是否已經極大能力的發揮？或是有待加強？

3
想增加或減少員額編制的，也可以在會議上提出請示。

三、重大專案歷練

公司對於有潛力的各層級優秀人才,高階主管應該給予負責某個重大專案的歷練,藉以培養出未來晉升為各層級主管及領導團隊的準備,這也是「活用人才」重要的一招。

圖4-13(3)

給予重大專案
負責歷練

→ **活用人才的好方法**

One person, one project !

四、檢視「儲備人才庫」的質與量,以及未來配置及運用分析

活用人才的第4個作法,就是人資部門必須每年定期去檢視及檢討公司整體的「儲備人才庫」裡面的各層級、各功能、各專長、各年齡層、各部門等資料的「質」與「量」的分析;以及未來幾年內這些「儲備人才庫」將有哪些重要的配置與運用,才能符合現在及未來公司及集團的成長經營戰略需求。

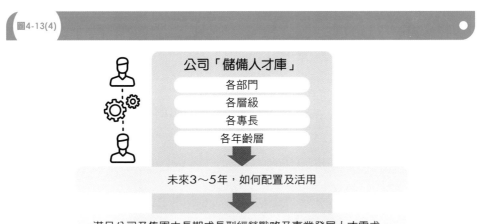

圖4-13(4)

公司「儲備人才庫」

各部門

各層級

各專長

各年齡層

未來3~5年,如何配置及活用

滿足公司及集團中長期成長型經營戰略及事業發展人才需求。

五、加速擴大公司發展，才能空出更多晉升職位

第5個活用人才的作法，就是公司或集團一定要不斷追求及加速公司營運規模的擴大及事業版圖擴張，才能空出更多中高階職位，給後面儲備的人才晉升之用，如此，才能真正做到「活化人才」、「活用人才」的目標。

圖4-13(5)

| 加速擴大公司營運規模及擴張事業版圖，才能空出中高階職位出來 | ➜ | 才能真正做到：「活化人才」、「活用人才」的目標 |

六、加強員工及幹部對「高遠目標」的「挑戰心志」

日本上市大公司非常強調對員工及幹部們是否具有「高遠目標」的「挑戰心志」，如有，才能真正做到「活化人才」、「活用人才」、及「活躍人才」的功能。

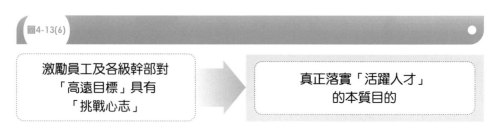

圖4-13(6)

| 激勵員工及各級幹部對「高遠目標」具有「挑戰心志」 | ➜ | 真正落實「活躍人才」的本質目的 |

Chapter 14

「經營型人才」培育不易，但非常重要

「經營型人才」培育不易，但非常重要

一、日本上市大型公司很重視「經營型人才」育成的原因

各位讀者如果看過前面第二篇所述日本上市大型公司的人才戰略管理重點提示，就可以發現日本公司是高度重視且優先培育的第一名人才，就是「經營型人才」。最主要的原因，就是這些大型上市公司的：

1. 經營規模都很大。
2. 朝集團化發展。
3. 朝控股總公司發展，旗下子公司、孫公司經常有數十家到上百家之多。
4. 朝全球化布局及全球市場開拓，海外子公司也有數十家之多。

圖4-14(1) 日本上市大型公司很重視「經營型人才」育成的原因 ●

| 1 | 經營規模很大 | 3 | 朝控股總公司發展（旗下數百家子公司） |
| 2 | 朝集團化發展 | 4 | 朝全球化發展（海外子公司數十家） |

> 亟需能賺錢的「經營型人才」

二、日本「經營型人才」是指什麼樣職位的人才

日本上市大型公司亟需「經營型人才」的職位，主要是指：

圖4-14(2) 日本「經營型人才」是職位 ●

1	2	3	4
日本國內總公司的：社長級、役員級（董事）、部長級（副總經理）的高階人才。	日本國內上百家子公司、孫公司的：董事長、總經理、副總經理級的高階人才。	各海外據點公司上百家子公司的：董事長、總經理、副總經理級的高階人才。	日本國內大型旗艦店及大型店超級店長級的人才。

三、日本「經營型人才」的能力及歷練要求指標項目

圖4-14(3) 日本「經營型人才」的能力及歷練要求指標

1 要能為公司賺錢

「經營型人才」最大的第一個條件，就是要能為公司獲利、賺錢，他要有這個頭腦、能力、企圖心及責任心。

2 必須是通才型的人才

「經營型人才」不只是專業人才而已，他更是一個多方面的通才型人才，那一個面向知識及常識，都要懂一點，形成一個「全方位人才」。

3 具備中型及大型組織的管理與領導力

「經營型人才」，必須在中型及大型組織中，歷練過管理職與領導職的工作經驗，他要能帶得動一個中大型組織體。

4 具有主動、積極、挑戰、熱情、活躍、毅力的個性

「經營型人才」，在個性上，必須具備：主動的、積極的、挑戰的、熱情的、活躍的、有毅力的，才能成為組織中的典範。

四、日本「經營型人才」的最終責任

最高階的「經營型人才」，其最終責任，就是要負責：

圖4-14(4)

1	2	3	4
每年公司營運的成敗	每年公司營收與獲利目標的達成	每年公司營收的持續成長	每年公司組織順暢的運作

「經營型人才」，就是儲備總公司及海內外各子公司的最高 leader（領導人）

Chapter 15

「未來人才戰略準備」的3大類型與面向

「未來人才戰略準備」的3大類型與面向

一、日本很多上市大公司都策訂了：「vision願景2030年：成長戰略計劃」

如前面幾章所述的眾多日本上市大公司，他們的未來中長期經營戰略，都已經策訂到了2030年的願景目標，此顯示出日本上市大公司的布局未來的眼光及視野，是如何的高瞻遠矚。既然有願景2030年的經營成長戰略，那當然也要有2030年的人才戰略作為相一致，以及相呼應的計畫。

圖4-15(1)

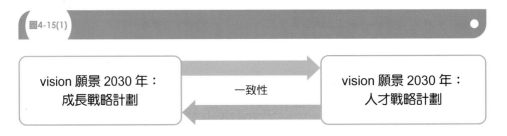

二、未來（到2030年）人才戰略準備的3大面向

具體歸納來說，面對未來（到2030年）的人才戰略準備，計有3大面向與類型，如下圖示：

圖4-15(2) 未來（到2030年）人才戰略準備3大面向

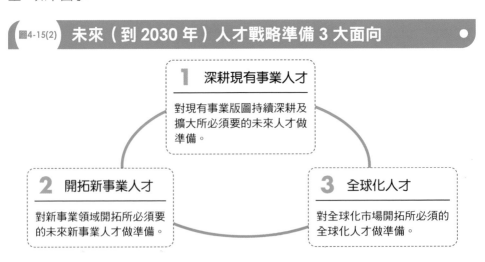

三、成功案例

圖4-15(3)

案例 1　統一企業

☆vision 2030年願景：戰略規劃人才

1. 持續深耕及擴大現有食品及飲料事業的未來人才做準備。
2. 持續開拓零售事業及電商事業的未來人才做準備。

☆目前全年合併營收額已突破6,000億元，2030年將突破7,000億元目標。

案例 2　台積電

☆vision 2030年願景：人才戰略規劃

1. 持續朝最先進晶片3奈米、2奈米、1.5奈米及1奈米邁進突破並升級的未來研發（R&D）及製造人才做準備。
2. 布局全球人才做準備（美國亞利桑那州廠、日本熊本廠、德國德勒斯登廠）。
3. 台灣竹科「全球研發中心」8,000人科研人才潛力發揮。
4. 2030年全年合併營收突破2.5兆台幣。

案例 2　王品餐飲集團

☆vision 2030年願景：人才戰略規劃

1. 持續擴張多品牌戰略，從目前25個品牌，擴張到40個品牌的未來人才做準備。
2. 布局海外市場（美國、東南亞、中國）未來人才做準備。
3. 目前：台灣320店，中國100店；2030年時，台灣將成長到500店，全年合併營收額突破350億元。

案例 3　日本大型上市公司

☆vision 2030年願景：人才戰略規劃

☆豐田、日產、本田、松下、日立、東芝、三菱集團、伊藤忠商社、三井集團、住友集團、日清食品、朝日食品、麒麟啤酒、大金、TOTO、伊藤園飲料：
→ 布局全球、開展全球市場的未來經營型人才＋專業型人才需求。

Chapter 16

如何讓組織及人才對公司做出更大貢獻的 14 項要素

如何讓組織及人才對公司做出更大貢獻的 14 項要素

一、如何讓組織及人才對公司做出更大貢獻的全方位14項要素

　　人資長及公司執行長／總經理的高階主管，最重要的任務之一，就是要做好如何讓組織及人才對公司做出更大貢獻與潛能的最大化發揮，茲圖示如下全方位的14項要素：

 圖4-16　如何讓組織及人才對公司做出更大貢獻及最大潛能發揮的 14 項要素

1　貫徹BU制度（利潤中心制度）

貫徹BU（Business Unit）利潤中心制度，可以大組織切割為幾個小組織，並賦予利潤中心運作，賺錢的多給獎金，虧錢的則關掉；可激勵全員努力賺錢，做出更大貢獻。

2　貫徹全體員工KPI指標

貫徹從營業部門、幕僚部門到技術部門，每個員工都有他們的每年度、每季KPI指標，形成每人的責任目標，就會逼使員工付出更大努力達成KPI指標。

3　賞罰更明確、更差距化

公司最重要的就是要不斷擴大營運規模及不斷成長，才能有更多子公司或新事業部門的舞台空間出來，才能留住好人才。

4　加強員工對公司的參與感及認同感

公司應加強全體員工對公司的高度參與感及高度認同感，全員才會真心奉獻給公司。

5　提高公司薪獎、福利成為產學領先地位

公司應適時、逐步提高公司在月薪、加薪、各項獎金及各種福利上，領先該產業的平均水平，才能激勵大家無私付出。

6　讓全員認股，使員工成為公司股東

老闆及高階董事會應大方開放全員認股，使員工成為公司股東，並努力使公司順利IPO上市櫃成功。

7 加速擴大公司新舞台空間，使員工都有晉升機會

公司必須加速擴大公司營運規模及成立多家子公司，使優秀人才都有向上晉升機會，才會真心做出貢獻。

8 貫徹考核／考績制度

公司每半年或每年度考績，要認真落實貫徹，全員才會在平時就要努力工作，對公司有所貢獻。

9 提升各層級領導主管的卓越領導力

公司必須慎重提拔各層級領導主管，並要養成他們的卓越領導力，才會帶好每個部門、每個單位的貢獻。

10 強化公司獲利能力，才能支援員工的優渥薪獎

公司必須努力增加獲利能力，才能有更多盈餘回饋給全員做加薪及獎金發放之用，也才會更激勵員工的奉獻。

11 持續改良公司的職場環境

公司及人資部門必須持續改良、強化公司的各項職場環境，包括軟體及硬體方面，員工才會安心工作及奉獻。

12 力行公司更開放的全體員工參與經營

公司高階應更加開放全員參與公司經營的參與度，才能讓他們對公司做更大貢獻。

13 邁向幸福企業目標努力

公司最終目標，就是邁向台灣地區的最受上班族歡迎的「幸福企業」終極目標。員工此時就會自動做出更大貢獻。

14 做好各層級員工培訓及教育訓練，有效提升全員能力

人資部必須做好各層級員工的培訓及教育訓練計劃推動，以求有效拉升全員的知識、能力與觀念；全員能力都提升了，自然會對公司做出更大貢獻。

Chapter **17**

環境改變 → 戰略改變 → 組織與人才改變的三環緊密聯結觀念

環境改變 → 戰略改變 → 組織與人才改變的三環緊密聯結觀念

一、什麼是：環境改變→戰略改變→組織與人才改變的3環聯結

在企業經營戰略上，有一個重要觀念，就是所謂的「3環聯結」，即：

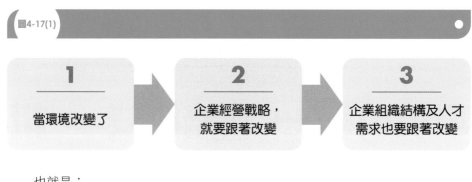

圖4-17(1)

1	2	3
當環境改變了	企業經營戰略，就要跟著改變	企業組織結構及人才需求也要跟著改變

也就是：

圖4-17(2)

1	2	3
環境（Environment）	經營戰略（Business Strategy）	組織及人才戰略（Organization & Talent Strategy）

從上述「3環聯結」來看，最首先啟動的，就是「環境變化」；所以，任何企業都要非常在乎、重視及洞悉環境改變了什麼。

二、「3環聯結」的實際案例

茲圖示如下幾個「3環聯結」的實際案例：

圖4-17(3)

1. 台積電

▶ **環境改變**

美國、日本、德國都要求台積電去該國當地設晶片工廠。

▶ **組織與人才改變**

台積電成立美國、日本、德國建廠專案小組,並派遣1,500人團隊赴海外建廠。

2. 台灣電子五哥

▶ **環境改變**

美國大客戶要求去風險化,移出中國廠,轉赴東南亞、印度及墨西哥設廠。

▶ **組織與人才改變**

台積電成立美國、日本、德國建廠專案小組,並派遣1,500人團隊赴海外建廠。

3. 台灣百貨公司

▶ **環境改變**

專櫃商品減少消費了,增加餐飲消費。

▶ **戰略改變**

擴大餐飲專區的引進,占比拉高,終於能活下去。

4. AI新時代來臨

▶ **環境改變**

美國輝達NVIDIA公司推出AI新時代來臨。

▶ **戰略改變**

台灣各電子廠及半導體廠轉向:AI晶片及AI伺服器新事業發展。

5. 電動車新時代來臨

▶ **環境改變**

全球淨零排碳及減碳發展。

▶ **戰略改變**

美國特斯拉(Tesla)及中國比亞迪領先電動車製造及銷售,汽油車將逐步降低銷售量。

6. 老年化時代來臨

▶ **環境改變**

台灣及全球老年化、高齡化來臨,消費者對藥品及保健品需求大增。

▶ **戰略改變**

台灣藥局連鎖店及藥妝連鎖店大幅擴張成長。

三、人資長新增一項職責:要更關注及洞悉國內外大環境的變化與趨勢

　　人資長過去的工作,好像被認為是比較靜態的、比較配合的角色,但,如今面對國內外各種大環境變化與趨勢,將會對公司及集團的「經營戰略」與「人才戰略」產生更顯著與更重大影響,甚至會影響到「人資長」及「人資部門」的整體績效,豈能不謹慎、主動、快速洞悉外部大環境的變化,才能真正做好「未來性」的人資任務。

圖4-17(4)

- 人資長（CHRO）
- 人資部門

→ 要更加關注、洞悉與應對：國內外各種外部大環境的變化與趨勢

圖4-17(5)

國內外大環境的有利與不利變化及趨勢

1. 需求10位董事長
2. 中美兩大國競爭與對抗
3. 少子化
4. 老年化
5. 不婚／不生化
6. 全球經濟需求變化
7. 升息化
8. 通膨化

9. 兩岸政治變化
10. 全球貿易變化
11. 全球GDP經濟成長率變化
12. 匯率變化
13. 全球及地區產業供應鏈變化
14. 科技產業變化
15. 各類人才需求變化
16. 缺工化

Chapter **18**

人資長（CHRO）應認識公司價值與競爭力的產生源泉：公司價值鏈的強化與壯大

人資長（CHRO）應認識公司價值與競爭力的產生源泉：公司價值鏈的強化與壯大

一、什麼是「公司價值鏈」（Corporate Value Chain）

「公司價值鏈」的意思，就是公司透過各種資源投入，而能產生出有價值性的產品及服務的一種創造價值的嚴謹過程與活動。而「公司價值鏈」的具體組成，可以區分為兩大類，如下圖示：

圖4-18(1) 公司價值鏈組成的 2 大成分

1	+	2
主要營運活動 （Primary Activity）		次要幕僚支援活動 （Secondary Activity）

↓

公司價值的創造與提升

圖4-18(2) 公司價值鏈組成的 2 大成分

公司主力營運部門活動

(1) 研發、技術部	(6) 物流部
(2) 商品企劃與開發部	(7) 銷售部
(3) 設計部	(8) 行銷部
(4) 採購部	(9) 售後服務部
(5) 製造、品管部	(10) 會員經營部

1. 價值不斷創造與提升的成果

2. 公司獲利與營收的成長

圖4-18(3) 公司價值鏈中的「次要幕僚支援活動」組成

公司次要幕僚支援部門活動

(1) 財務部

(2) 人資部

(3) 資訊部

(4) 經營企劃部

(5) 法務部

(6) 稽核部

(7) 總務部

(8) ESG部

(9) 公關部

(10) 董事長室部

(11) 總經理室

1. 有效支援第一線營運部門

2. 創造幕僚支援功能的價值性

二、人資部門徹底做好對公司主要營運部門與次要幕僚支援部門的人才
　需求

如下圖示：

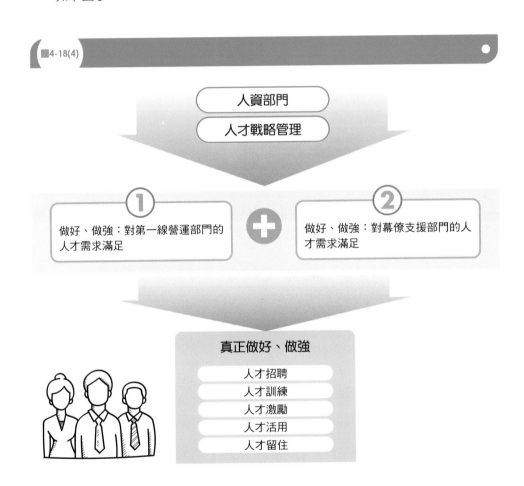

圖4-18(4)

人資部門

人才戰略管理

① 做好、做強：對第一線營運部門的
人才需求滿足

② 做好、做強：對幕僚支援部門的人
才需求滿足

真正做好、做強

人才招聘

人才訓練

人才激勵

人才活用

人才留住

Chapter **19**

讓員工保持不斷進步／不斷成長／與時俱進的方法

一 從員工自己著手
二 從公司提供面著手

讓員工保持不斷進步／不斷成長／與時俱進的方法

一、從員工自己面著手

從員工自己面來看，員工要保持不斷進步與不斷成長的方法，如下圖示：

圖4-19(1) 員工自己保持不斷進步與不斷成長的 4 種方法

1	**2**	**3**	**4**
公司必須強調：每個員工自己保持自覺性、自律性、自發性的自我學習及工作中學習（做中學、學中做）。	自己到外部機構、單位去上課或聽演講。	自己到各大學研究所去進修碩士專班，取得碩士學位。	員工自己從公司各種大大小小會議中，對公司各部門長官的報告內容中，也可以自我學習到很多知識與經驗。

二、從公司提供面著手

另外，除了上述自我尋求進步與成長之外，公司也可以提供下列方式，讓員工都能不斷進步與成長，如下圖示：

圖4-19(2) 從公司面著手，讓全體員工都能保持不斷進步與成長

1 教育訓練課程	2 將「成長性」納入員工考績項目內	3 將「成長潛力」納入晉升考量項目
公司必須提供各種專業訓練課程及領導力課程，以確保員工保持成長性。	可將員工「成長性」，納入年底考績項目之一，引起大家的重視。	可將員工是否具有「成長潛力」，納入晉升為主管的考量指標。
4 把成長／進步要求，納入企業文化內	5 從KPI制度中成長／進步	6 設置「員工成長研習班」
公司可將員工成長與進步的要求，納入企業文化的感受一環。	從全員KPI工作壓力中，可使全員自我追求KPI的達成，及自我不斷的成長及進步。	人資單位可成立一個「員工成長研習班」，有計劃推動各層級員工的持續進步及成長。

Chapter 20

人才外派與全球化人才布局

一	日本、美國、歐洲大型跨國企業均在全球布局
二	台商海外事業,大多以工廠運作為主,人才需求比較單純
三	日本大企業因應全球市場營運的人資作法

人才外派與全球化人才布局

一、日本、美國、歐洲大型跨國企業均在全球布局

現在，很多日本、美國、歐洲跨國型大企業，均在海外數十個國家設立海外子公司、海外工廠、海外行銷公司等，積極從事全球化市場開拓的任務。包括：

（一）日本跨國大企業

TOYOTA、NISSAN、HONDA、SONY、Panasonic、日立、大金、東芝、三菱商事、三井集團、伊藤忠商事、住友集團、象印、Nikon、Canon、朝日、麒麟、日清、三得利、伊藤園、雪印、可爾必思……等。

（二）美國跨國大企業

微軟、蘋果（Apple）、Meta臉書、谷歌（Google）、NVIDIA（輝達）、AMD、花旗、Walmart、Costco（好市多）、IBM……等。

（三）歐洲跨國大企業

BENZ、BMW、Audi、VW、VOLVO、LV、Chanel、GUCCI、HERMÈS、Cartier、ROLEX……等。

上述這些跨國大企業在全球開拓市場或在地化設立工廠，均有最全球化人才的需求；包括：

1. 從母國總公司外派人才赴海外各國。
2. 從海外當地國尋找好人才任用。

圖4-20(1) 跨國大企業海外人才的 2 大來源

1
從母國總公司外派人才到當地國，擔任高階主管。

＋

2
從海外當地國尋找並拔擢優秀人才擔任高階主管

二、台商海外事業，大多以工廠運作為主，人才比較單純

反過來看台商，90%的台商海外事業大多以工廠接單生產的運作型態為主要；因此，對於全球化人才需求，相對比較單純。台商外派出去的人才，也大致以廠長級及製造生產幹部為主力；很少涉及海外當地市場營運及行銷人才。

圖4-20(2)

台商 ➡ 外派人才：
・以生產、製造人才為主力。
・比較單純。

○日商
○美商
○歐商
➡ 外派人才：
・全方位人才需求，包括：
1. 營運人才
2. 財務人才
3. 行銷人才
4. 製造人才

三、日本大企業因應全球市場營運的人資作法

前述許多家日本上市大公司對於全球化市場營運，在人資方面的作法，大致有以下幾點：

（一）成立「全球化人才育成中心」

在日本總公司（東京），成立「全球化人才育成中心」，由人資部總負責，做好日本總公司未來將外派出去人員的事前培訓課程；以及對海外在地各國的本土主管召集到日本總公司做當地化領導人才培訓工作。

圖4-20(3)

日本企業總公司：「全球化人才育成中心」

⬇

1
針對未來將外派海外的日本幹部，進行人才培訓，完成後，再正式外派出去。

2
針對海外當地國的當地主管幹部，召集到日本總公司，進行領導人才培訓。

（二）日本總公司預做外派人才意願調查

　　日本大型企業人資的第2個作法，就是針對日本總公司及子公司的全體員工，預做將來外派的意願調查，先了解與集結這些願赴海外當地國的日本人才有哪些人。

（三）調整組織，成立「全球營運總部」、「國際專業部」或「亞洲區營運總部」

　　接著第3個作法，就是日本跨國大企業會調整總公司組織架構，成立「全球營運總部」或類似功能的名稱，來專責對海外市場的督導與指導總單位。

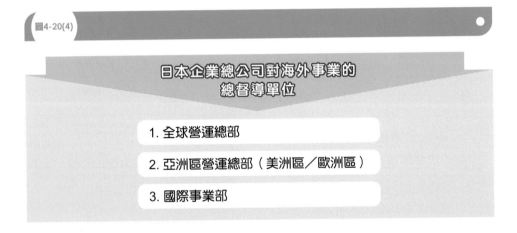

圖4-20(4)

日本企業總公司對海外事業的
總督導單位

1. 全球營運總部

2. 亞洲區營運總部（美洲區／歐洲區）

3. 國際事業部

（四）大量拔擢當地人才，擔任當地公司中高階主管：

　　由於全球化市場太大，日本總公司也缺乏大量足夠外派的優秀幹部人才，因此，這幾年來，日本大型跨國公司也開始儘量拔擢當地化優秀人才，來擔任海外子公司的各級副總經理及總經理（社長）的重責大任，只保留董事長一職，仍由日本總公司指派日本人擔任。

（五）做好外派人員的薪資與獎金的規劃安排：

　　日本總公司人資部門及總公司社長、會長等，也要討論好，對於外派出去人才他們在日本原有薪獎及外派出去後薪獎的兩者間關係，加以做出最好的安排及激勵性。

圖4-20(5)　日本大企業因應全球市場營運的人資作法

1

成立「全球化人才育成中心」。

2

日本總公司預做外派人才意願調查。

3

調整組織，成立「全球營運總部」。

4

大量拔擢當地優秀人才，擔任當地子公司的中高階主管。

5

做好外派人員的薪獎規劃安排。

Chapter 21

最高領導人的接班制度

最高領導人的接班制度

一、交班人的2種狀況

企業界交班人的2種狀況為：

圖4-21(1)

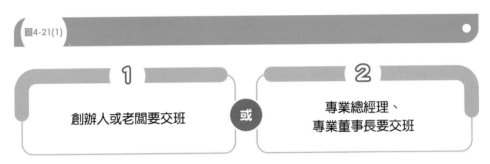

1 創辦人或老闆要交班

或

2 專業總經理、專業董事長要交班

二、接班人的3種對象模式

那麼，交班人要交給誰來接班呢？主要有3種狀況；如下圖示：

圖4-21(2) **接班人的 3 種對象狀況**

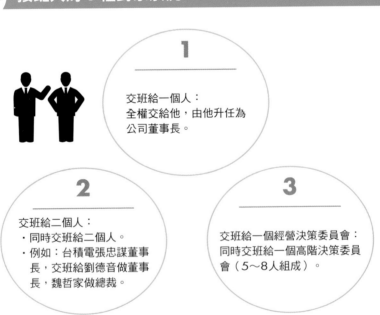

1
交班給一個人：
全權交給他，由他升任為公司董事長。

2
交班給二個人：
・同時交班給二個人。
・例如：台積電張忠謀董事長，交班給劉德音做董事長，魏哲家做總裁。

3
交班給一個經營決策委員會：
同時交班給一個高階決策委員會（5～8人組成）。

三、交班的6項流程工作

公司最高領導人交班的6項流程工作，如下圖示：

圖4-21(3) 交班的 6 項流程工作

1 最高領導人先選定儲備人選（1人～3人）

2 逐步授權、放權給這些高階主管

3 每個月給他們上課，教導他們最高領導人的經營心法

4 加強磨練及歷練他們

5 定期密切觀察、考核這些接班候選人

6 最後，時間到了，就把最高領導人的職位讓出

四、日本大企業成立「高階儲備leader（領導人）研修program（計劃）」

在前面幾章描述日本多家上市大公司的人才戰略管理中，經常會看到這些大公司都會成立所謂的「高階leader研修計劃」，就是指：日本大公司經常會成立「社長級（總經理）及執行役員級（執行董事）」這兩個最高層級的儲備人才及研修計劃；以比較有系統方式，磨練出未來（5～10年）的社長級與執行役員級的高階人事準備；如下圖示：

圖4-21(4)

社長及執行役員儲備研修

中階主管研修　基層主管研修　專業人員研修

五、企業接班人內升或外找的選擇

通常，企業接班人90％都是內升的，只有極少數10％例外，是外找的。例如：

幾年前宏碁集團創辦人施振榮，就從外面找了任職台積電的「陳俊聖」，來接班宏碁集團做改革型、振興型的總經理及董事長職務，結果也很成功。

圖4-21(5)

| 企業接班人 90％內升 | VS. | 企業接班人 10％外找 |

Chapter 22

公司應形塑的企業文化、組織文化及核心價值觀

一　公司應形塑 30 項好的企業文化、組織文化內涵

二　公司不應形塑不好的 30 項企業文化、組織文化內涵

公司應形塑的企業文化、組織文化及核心價值觀

一、公司應形塑30項好的企業文化、組織文化的內涵

如下圖示：

圖4-22(1) 公司形塑好的企業文化 30 項內涵

1 誠信的	**2** 守承諾的	**3** 正派經營的	**4** 創新的	**5** 勤奮的
6 追求卓越的	**7** 永續經營的	**8** 不斷成長的	**9** 遵守法律的	**10** 與員工共享的
11 員工共同參與經營的	**12** 具挑戰心的	**13** 活性化及活躍的	**14** 公平、公正、平等的	**15** 包容心的、共融的
16 認真、用心的	**17** 主動、積極的	**18** 負責任的	**19** 當責心態的	**20** 公開透明的
21 有創造性的	**22** 一條龍經營的	**23** 不斷變革、改革的	**24** 健康、安全經營的	**25** 能快速應變的
26 有遠見、前瞻的	**27** 永遠布局未來的	**28** 能適應環境變化的	**29** 敏捷的	**30** 彈性、靈活、機動的

二、公司不應形塑不好的30項企業文化、組織文化內涵

如下圖示：

圖4-22(2) 公司不應形塑不好的企業文化 30 項內涵

1 長官、老闆 一言堂的	**2** 拍馬逢迎的	**3** 搞派系的	**4** 爭權奪利的	**5** 有私心的
6 營私舞弊的	**7** 被動、 消極的	**8** 不肯成長的	**9** 不學習、 不與時俱進的	**10** 官僚、 固執的
11 守舊、 不創新的	**12** 得過且過的	**13** 不具 挑戰心的	**14** 只守住 眼前的	**15** 緬懷過去 成功歲月的
16 不知 應變的	**17** 慢吞吞、不快 速應變的	**18** 沒前瞻性的	**19** 沒布局 未來的	**20** 不想良性 競爭的
21 經常 抱怨的	**22** 遲到的	**23** 比爛的	**24** 只說不做的	**25** 不具 執行力的
26 重視 表面功夫的	**27** 沒有市場 競爭力的	**28** 抗拒變革的	**29** 不能 終身學習的	**30** 賞罰 不分明的

Chapter 23

中小企業做人資的困境與解決之道

一　中小企業做人資的 12 項困境

二　中小企業做人資的 8 項解決之道

中小企業做人資的困境與解決之道

一、中小企業做人資的12項困境

中小企業不像大企業比較少有人資的困境，具體説，中小企業有如下圖示的12項人資困境：

圖4-23(1) 中小企業做人資的 12 項困境

1	2	3	4
付不起高薪請到優秀人才	員工離職率偏高	優秀人才會做不久	優秀人才有志難伸，得不到發揮

5	6	7	8
一人身兼多職工作	公司沒長期展望，對公司認同度很低	公司月薪及年終獎金均偏低	公司非上市櫃公司，沒有年度分紅獎金

9	10	11	12
優秀人才容易受到既有員工排擠	不能適應中小企業文化	貢獻很大，但回饋薪資報酬卻偏低	公司缺乏制度或制度不夠好

二、中小企業做人資的8項解決之道

那麼，中小企業做人資的8項解決之道，如下圖示：

圖4-23(2) 中小企業做人資的 8 項解決之道

1	2	3	4
公司要逐步從中小企業擴張到中大型企業，努力前進。	公司要逐步、逐年提高月薪及年終獎金。	建立及改革不理想的各種人事制度及管理制度。	開放員工入股，使人人都是公司小股東，以增強留下來誘因。

5	6	7	8
大力改革中小企業不良的企業文化。	逐步淘汰不想進步的老員工、舊員工。	對貢獻大的員工，應給予合理的薪酬回饋。	老員工、舊員工要接受公司更新的教育訓練課程及技能課程。

Chapter 24

公司應建立「每年自動加薪電腦系統」

公司應建立「每年自動加薪電腦系統」

一、台灣好市多（Costco）及軍公教人員每年自動晉級／加薪電腦系統

幾年前，作者看到一篇商業報導，裡面是說：台灣好市多公司已經建立一種電腦薪資系統，能夠每年自動化為員工加薪，只要員工考績合格者，電腦薪資系統就會為員工加一級及增加月薪，每年加一級的幅度，約在500元～2,000元之間，視不同單位、不同層級、不同職稱，而略有不同的自動加薪幅度。

另外，像軍公教人員，也有薪級制，大約每年考績沒問題，大概就會自動上升一級的薪資，每年增加薪資金額也大約在500元～2,000元之間。

圖4-24(1)

台灣好市多（Costco）及全台軍公教人員	➡	自動化電腦加薪系統；每年上升一級，每上升一級約增加500元～2,000元薪資。

二、台灣90％企業，幾乎沒有做到自動化加薪制度

據筆者工作30多年來，看到幾乎90％企業，都沒有上述的自動化升級加薪制度。能夠每年自動加薪的，大概只有2類人員：

（一）當年度考績「特優」的少數人員

（二）當晉升上一級「主管」時，也會增加主管加給金額

圖4-24(2)

> 台灣90％企業，都沒有自動化升級加薪的電腦系統設計。

三、小結

作者建議上市櫃1,500多家公司，應該效法台灣好市多（Costco）及軍公教人員，每年給予升級／加薪自動化制度，才能真正留住優秀好人才，並激勵全體員工高昂的工作士氣。

Chapter 25

人才研修與教育訓練

人才研修與教育訓練

一、人才研修的區分

具體來説，人才研修計可區分為下列幾種：

1. 按「功能別」區分為**4**種

圖4-25(1)

| 1 | 營業人才研修 | 2 | 技術人才研修 |
| 3 | 幕僚功能人才研修 | 4 | 新進人員研修 |

2. 按「層次別」區分為**4**種

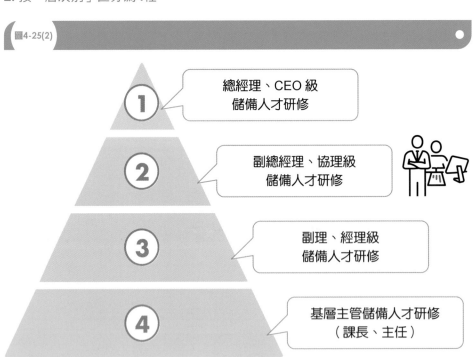

圖4-25(2)

1. 總經理、CEO 級儲備人才研修
2. 副總經理、協理級儲備人才研修
3. 副理、經理級儲備人才研修
4. 基層主管儲備人才研修（課長、主任）

3. 按「全球化別」區分**2**種

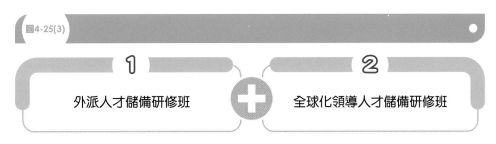

圖4-25(3)

① 外派人才儲備研修班 ➕ ② 全球化領導人才儲備研修班

二、人才研修的負責單位名稱

關於人才研修的負責單位名稱有很多種，包括如下：

圖4-25(4)

1 企業研修大學（University）

2 企業研修學院（Academy）

3 企業教育訓練中心

4 企業人才培育中心

5 企業各種研修班

三、研修課程師資來源

企業各種研修或教育訓練的3種師資來源：

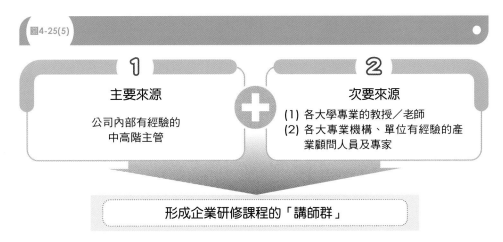

圖4-25(5)

① 主要來源
公司內部有經驗的中高階主管

➕

② 次要來源
(1) 各大學專業的教授／老師
(2) 各大專業機構、單位有經驗的產業顧問人員及專家

形成企業研修課程的「講師群」

四、研修課程的上課方式

企業各種研修班的上課方式，可有幾種：

圖4-25(6)

| 1 單純上課、講課方式 | 2 小組討論方式 | 3 個案研討方式 | 4 現場實作、操作方式 |

| 5 國內外企業參訪方式 | 6 提案競賽方式 | 7 學員上台報告方式 |

五、中高階主管的研修課程內容

如下圖示：

圖4-25(7)

1 領導力課程	2 管理力課程	3 商業知識課程	4 經營賺錢課程
5 看懂損益表課程	6 創新能力課程	7 ESG永續經營課程	8 事業成長戰略規劃課程
9 員工激勵課程	10 企業文化、組織文化課程	11 問題預防、發現與解決課程	12 下決策課程

六、研修考核方式

如下圖示：

圖4-25(8)

1	2	3	4
書面考試方式	繳交學習心得報告	繳交每次上課筆記	繳交課堂作業

5	6	7	8
上台專題報告	直屬主管對學員的工作進步評價	上課學員個人工作成果的展現	實際操作考試

Chapter 26

人才考核／考績戰略

人才考核／考績戰略

一、考核、考績時間點的3種

公司對員工的考核、考績時間點，視不同公司而定，計有3種，如下圖示：

圖4-26(1) 考核／考績時間點的 3 種

1 每年一次（即 12 月底）考績	或	**2** 每半年一次（6 月底及 12 月底）	或	**3** 每季一次（即 3 月、6 月、9 月、12 月底）

一般來講，大部分公司都是每年一次打考績；但，也有公司認為一年一次太久了，故縮短為半年一次；更有少數公司則是一季一次，那工作壓力就很大。總之，打考績時間點，太長也不行，太短／太頻繁也不行，剛剛好就可以。

二、考核成績等級區分

一般公司，考績結果都是以等級加以區分的，例如：

1. 特優（90分以上）、優（85～89分）、甲（80～84分）、乙（70～79分）、丙（60～69分）五級區分。
2. 特優、優、甲、乙四級區分。

三、考績等級是否設定比例

例如：

1. 有設定比例的：特優等（10%）、優等（70%）、甲等（10%）、乙等（10%）。
2. 沒有設定比例的：就由各單位主管自行決定，不必設定比例，如此比較有彈性及現實性。

圖4-26(2) 考績等級 4 種

四、考績指標項目

通常員工考績的指標項目,計有下列這些(不是全部都要考核):

圖4-26(3) 員工考績指標項目

1 業績達成率	**2** 主動積極性	**3** 團隊合作性	**4** 工作效率性
5 創新、創造性	**6** 快速敏捷性	**7** 個人品德性	**8** 改革、變革性
9 挑戰性	**10** 領導力	**11** 服從性	**12** 保持進步性
13 完成交付任務性	**14** 其他指標		

五、直屬主管與部屬的雙向1對1面談溝通

日本大型企業很重視在打員工考績時,一定要求各級直屬主管與被考績的部屬們,展開1對1的雙向良好面談溝通,以確保考績不理想的員工,心中對主管有抱怨或反彈,一定要做好被考績部屬們的「心服口服」,以維持良好的長官與部屬關係。

圖4-26(4)

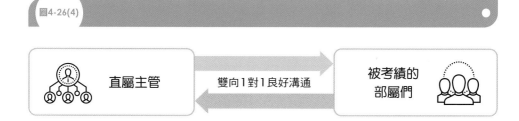

六、考績與獎勵緊密結合

公司對員工的各種考核／考績結果,必須與各項獎勵緊密聯結在一起,才能對優秀員工具有正面激勵效果,也才能貫徹公司賞罰分明的政策。

圖4-26(5) 考績結果必須與獎勵做緊密結合

1 員工考績結果

· 特優等
· 優等
· 甲等
· 乙等
· 丙等

2 獎勵結果

(1) 年終獎金幾個月
(2) 年度分紅幾個月
(3) 年度調薪多少
(4) 年度晉升職稱

七、直屬主管打員工考績的9大原則

各級直屬主管在打員工部屬們的考績時，應掌握如下圖的大原則：

圖4-26(6) 直屬主管打部屬考績時，秉持 9 大原則

1	2	3
公平、公正原則	無私心原則	無派系原則

4	5	6
對事不對人原則	雙向1對1溝通說明原則	口服心服原則

7	8	9
改進缺點原則	儘量數據化考核原則	明年會更好原則

Chapter 27

企業對人才需求的五大類型

一、企業對人才需求的5大類型

完整來看，企業界對人才需求，最主要有以下圖示的5種類型：

（一）營業型／銷售型人才

1. 營業人員／業務人員／銷售人員
2. 門市店店長人員／店員
3. 櫃長／專櫃小姐
4. 專賣店人員
5. 通路人員

（二）研發型／技術型人才

1. R&D研發工程師
2. 技術人員
3. 工程人員
4. 製程人員

（三）功能型人才

圖4-27(1)

1	商品開發人員	2	財會人員	3	資訊人員	4	資訊人員
5	經營企劃人員	6	法務人員	7	總務人員	8	採購人員
9	品管人員	10	(物流人員	11	稽核員	12	股務人員
13	客服人員						

（四）產業型人才（各行各業人才）

圖4-27(2)

1	高科技公司	**2**	百貨公司	**3**	超商公司	**4**	超市業
5	量販店業	**6**	購物中心業	**7**	航空業	**8**	餐飲業
9	手搖飲業	**10**	食品／飲料業	**11**	汽車業	**12**	機車業
13	家電業	**14**	3C業	**15**	美妝連鎖業	**16**	藥局連鎖業
17	醫院業	**18**	精品業	**19**	糕點業	**20**	文具業
21	書店業	**22**	其他行業					

（五）高階經營型人才

1. 總經理級人才
2. 執行長級人才
3. 執行董事級人才
4. 執行副總級人才
5. 各部門副總經理級人才
6. 各廠長級人才
7. 各旗艦店長級人才
8. 各百貨公司館長級人才
9. 老闆級創業人才

Chapter 28

建立人才工作經驗、知識與技能資料庫

一　「人才工作經驗資料庫」的 6 大內容

二　「人才工作經驗資料庫」的 4 大功能與目的

建立人才工作經驗、知識與技能資料庫

一、「人才工作經驗資料庫」的6大內容

日本大型公司人資部門經常會主動建立「人才工作經驗資料庫」（Work-Experience Data Bank），能創造很好的員工個人學習效果。這個資料庫，大概會包括五個部分，如下圖示：

圖4-28(1) 「人才工作經驗資料庫」的 6 大內容

1	2	3
員工個人工作的SOP描述	員工工作的相關知識及技能說明	員工工作成功的相關作法說明

4	5	6
員工工作失敗或流失經驗的說明	員工問題解決方式、作法及對策分析說明	員工提高個人工作效率及效能的說明

二、「人才工作經驗資料庫」的4大功能與目的

此資料庫具有下圖所示的4大功能與目的：

圖4-28(2) 「人才工作經驗資料庫」的 4 大功能與目的

1 傳承下一代	2 自我學習、成長
可以把個人工作的知識、經驗、技能、作法、心得傳承給下一代世代員工。	可以提供給員工自己線上查詢及自我成長與學習的知識庫。

3 避免犯同樣錯誤	4 提升整個組織能力
可以避免後面的員工，再犯同樣的疏失或過錯。	可以提升整個組織運作能力的強化及壯大。

Chapter 29

公司應破格獎勵對公司有功人才

| 一 | 公司應破格獎勵對公司有巨大貢獻的 7 類有功人才 |
| 二 | 給予獎勵的巨額特發貢獻獎金（個人＋團隊） |

公司應破格獎勵對公司有功人才

一、公司應破格獎勵對公司有巨大貢獻的7類有功人才

在企業實務上，公司應獎勵對公司有巨大貢獻有功的7類人才，如下圖示：

 圖4-29(1) 破格獎勵對公司有巨大貢獻 7 類人才

1
R&D 研發
有功人才

對R&D研發人員及技術人員的不斷突破、升級、領先的優秀人才。

2
新品開發及
上市有功人才

對新商品開發及上市行銷成功的有功人才。

3
各領域創新
有功人才

對各領域創新有功人才。

4
新事業開拓
有功人才

對新事業開拓成功有功人才。

5
快速展店
有功人才

對快速展店成功的有功人才。

6
快速展店
有功人才

對快速展店成功的有功人才。

7
業績不斷成長
有功人才

對公司業績不斷成長的有功人才。

二、給予獎勵的巨額特發貢獻獎金（個人＋團隊）

對於前述七大類對公司有巨大貢獻的有功人員獎勵，除了固定的：年終獎金、分紅獎金、調薪、三節獎金之外，更要及時發給一份「大獎金」，如下圖示：

圖4-29(2) 對公司有功人才的特發獎金

1 特發貢獻獎金

50萬元～1,000萬元之間

2 得獎人才

・個人獎金發出
・團隊獎金發出

Chapter **30**

各部門都應建立主管代理人制度

| 一 | 主管代理人的職級推演 |
| 二 | 主管代理人制度的功能 |

各部門都應建立主管代理人制度

一、主管代理人的職級推演

公司為建立人事制度化運作，其中一個制度，就是主管代理人的制度建立；其職級代理有如下圖示各種：

圖4-30(1) 對公司有功人才的特發獎金

①	董事長有事請假	總經理代理
②	總經理有事	執行副總代理
③	副總經理有事	協理代理
④	協理有事	經理代理
⑤	經理有事	副理代理
⑥	副理有事	襄理代理
⑦	廠長有事	副廠長代理
⑧	店長有事	副店長代理

二、主管代理人制度的功能

主管代理人制度，有如下功能：

圖4-30(2) 主管代理人制度功能

1	2	3
可以使該主管的工作，有人可以立即接手負責，不致工作中斷。	可以培養出來晉升為該主管的儲備人選，培育部屬。	有些大公司的大部門，更要求有第一代理人及第二代理人制度，培育更多好人才接班上來。

Chapter 31

不同行業會有不同的重點人才需求

● 12大類行業各有不同的重點人才需求

不同行業會有不同的重點人才需求

不同行業會有不同的重點人才需求

實務上，除了幕僚功能部門人員外，其實，隔行如隔山，各行各業都有不同的重點人才需求，如下圖示：

圖4-31

1 藥妝、藥局連鎖業

重點人才需求以R&D（研發）技術及製程等3大類科研優秀人才為最大需求。

2 零售業

重點人才需求以專精於超商、超市、量販店、百貨公司、購物中心等經營與行銷經驗的優秀人才為最大需求。

3 日常消費品業

專精於日常消費品的產品開發、通路上架及行銷廣告優秀人才為最大需求。

4 外銷出口業

專精於該種出口行業的製造、商品開發、業務客戶等優秀人才為最大需求。

5 餐飲業

專精於餐飲業的門市店長、食材採購、餐飲品類開發等優秀人才為最大需求。

6 家電／3C業

專精於家電／3C業之商品開發、通路業務及行銷廣告等優秀人才為主力。

7 食品／飲料業

專精於食品飲料行業之商品開發、通路上架及行銷廣告人才為最大需求。

8 公關／廣告業

專精於公關及廣告行業的創意企劃、影片製拍及公關活動優秀人才為最大需求。

9 藥妝、藥局連鎖業

專精於該行業之藥劑師、店長、展店業務優秀人才為最大主力需求。

10 電視媒體業

專精於電視新聞及電視節目之企劃、製作與播出之影視人才為最大需求。

11 電商業

專精於產品開發引進、上架行銷、物流宅配及資訊IT人才為最大需求。

12 汽車銷售業

專精於汽車業之代理、銷售、行銷廣告之優秀人才為最大需求。

Chapter 32

人資作業的企劃與管理循環

一　人資年度企劃報告的五個環節

二　人資作業管理循環：P-D-C-A

人資作業的企劃與管理循環

一、人資年度企劃報告的五個環節

人資部門人員在撰寫「人資年度企劃報告」時，可參考如前述章節日本大型上市公司的5個循環步驟，如下圖示：

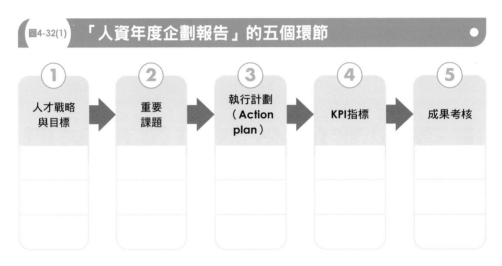

圖4-32(1) 「人資年度企劃報告」的五個環節

1 人才戰略與目標	2 重要課題	3 執行計劃（Action plan）	4 KPI指標	5 成果考核

二、人資作業管理循環：P-D-C-A

而在日常人資作業處理上的管理循環，即是如下圖示：

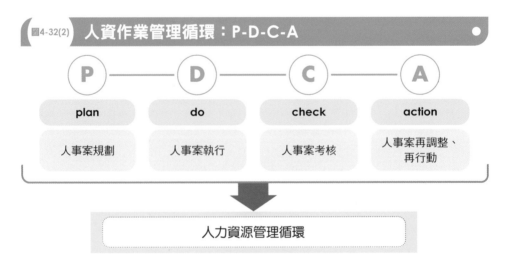

圖4-32(2) 人資作業管理循環：P-D-C-A

P	D	C	A
plan	do	check	action
人事案規劃	人事案執行	人事案考核	人事案再調整、再行動

人力資源管理循環

Chapter 33

退休員工再回聘問題分析

退休員工再回聘問題分析

一、退休員工再回聘案例：中鋼公司

　　最近有本商業雜誌，報導高雄中鋼總公司有將已退休技術人員再回聘為公司擔任兼任顧問職務，以維繫原有工作不中斷，並運用這些二、三十年老員工的技術經驗，以及逐步傳承給年輕次世代員工；並表示此效果良好。

二、退休員工再回聘的2種狀況及條件

（一）可以、應該再回聘的狀況及條件

圖4-33(1)

1	2	3
公司在外面不易找到有此種技術與該技術的適合人才及好人才。	公司內部年輕員工還沒能完全可以接上手、或是技術不夠成熟與完美。	已退休員工自己也願意再回來上班工作，專任或兼任均可。

（二）不應該再回聘的狀況及條件

圖4-33(2)

1	2
組織內的既有員工，可以順利接手工作、接班工作沒問題。	外面也很容易找到類似技能或功能的人才，來順利接棒起來。

三、可以再回聘退休員工的人資與報酬問題

　　對於可以再回聘退休員工的報酬問題，有如下幾點：

圖4-33(3) **可以再回聘退休員工的人資與報酬問題**

1

可用「顧問」職稱
聘任

2

回來專任或
兼任均可

3

薪資會降一些，
不可能拿退休前
的較高薪水

4

上班時間，可以彈
性選擇，不一定每
天都來

四、改革人事制度，對特殊技術員工延長退休年齡到70歲

公司也應該適當改革人事的退休制度，對於某些特殊、稀少的技術、工程、或技能人才，可以不受「65歲」一定要退休的規定，可以延長到「70歲」，再延五年再退休的規定，日本很多大企業對「特殊技術型」老員工，即採此彈性規定。

圖4-33(4)

特殊性、
稀少性的技術型員工
➡ 可允許延長到 70 歲才退休。

五、小結：促進人事新陳代謝常態化

總結來說，除了極少數稀有技術型員工，可延長到70歲才退休之外，其餘老員工均應依照人事制度，最長做到滿65歲即應退休的規定；主要是希望能讓組織有定期的新陳代謝，能讓次世代的壯年及年輕員工順利接棒上來，而不要阻礙了組織的常態化、活性化、活躍化，如此，組織才可以永保年輕化幹勁，而不是一個老化、保守、僵硬的老組織體。

圖4-33(5) **屆齡退休，建立人事組織新陳代謝常態化、活化及年輕化**

屆齡65歲退休制度
➡ 建立組織新陳代謝
常態化、定期化、
活化及年輕化。
➡ 打造永續經營的
與老、中、青三位一體
優質組織體

Chapter 34

BU 制度（利潤中心）對人事組織的優點

BU 制度（利潤中心）對人事組織的優點

一、何謂BU組織制度

現在，很多中大型公司都採用BU的組織與制度，也就是利潤中心的制度，事實證明帶來不少的好處。

圖4-34(1) BU 組織與制度

BU
· Business Unit
· 獨立利潤中心制度
· 獨立營運單位
· 將公司拆分為多個BU單位

· 賺錢多的
　→員工分享利潤
· 賺錢虧的
　→可能要關門
· 每一個BU單位，任命一位員工來負責

二、BU組織的6個優點

如下圖示：

圖4-34(2) BU 對組織的 6 項優點

1	2	3
可以提高組織的良性競爭	符合權責一致、賞罰一致原則	年青員工可受到拔擢鼓勵

4	5	6
可以提升公司總營收及總獲利	可以增強公司的整體競爭力	可以避免吃大鍋飯的不良現象

三、BU組織如何切分

如下圖示：

圖4-34(3)　BU 組織可依 9 種方式切分

1　依各子公司別

2　依各分公司別

3　依各產品線別

4　依各品牌別

5　依各事業部別

6　依各館別

7　依各店別

8　依各區域別

9　依各大客戶別

Chapter 35

面對經濟不景氣降低人事成本方法

一 內需衰退及外銷無訂單

二 面對經濟不景氣，廠商降低人事成本 3 種方法

面對經濟不景氣降低人事成本方法

一、內需衰退及外銷無訂單

當面臨全球經濟不景氣時，台灣也很難避免，廠商可能有兩種狀況：

圖4-35(1)

1 內需衰退

零售業、餐飲業、日常消費品業、家電業、美妝業、娛樂業、休閒業、大飯店業……等，均面臨消費需求衰退、業績衰退、獲利衰退、甚至虧錢狀況。

2 外銷無訂單

電子業、通訊業、機械業、化工業、運動用品業、自行車業、電子零組件業、半導體業……等外銷業，均大幅外銷訂單減少，導致虧損。

二、面對經濟不景氣，廠商降低人事成本3種方法

如下圖示：

圖4-35(2) **面對經濟不景氣，廠商降低人事成本 3 種方法**

1 裁員

最快速降低人事組織成本，就是直接裁員，精簡員工人數與人事成本。

2 放無薪假

外銷訂單減少，可能是短期幾個月現象，可採用放無薪假方式因應。

3 優退

鼓勵年資大的老員工，給予優退、優離方式，以降低未來人事成本。

Chapter 36

彈性／多元工時的人資問題

彈性／多元工時的人資問題

一、較常出現彈性／多元工時的行業

如下圖示：

圖4-36(1)

1	2	3	4
大飯店業	民宿業	餐飲業	速食業
5	6	7	8
零售業	手搖飲業	公關活動業	婚宴業

二、彈性工時薪資給予

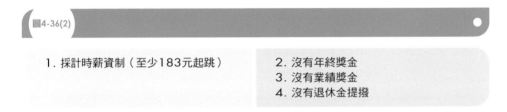

圖4-36(2)

1. 採計時薪資制（至少183元起跳）

2. 沒有年終獎金
3. 沒有業績獎金
4. 沒有退休金提撥

三、人事原則：正職員工為主，兼職員工為輔

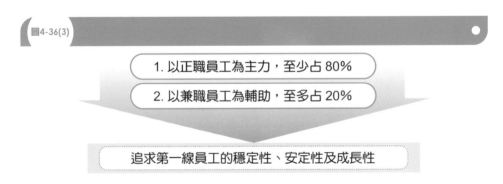

圖4-36(3)

1. 以正職員工為主力，至少占80%

2. 以兼職員工為輔助，至多占20%

追求第一線員工的穩定性、安定性及成長性

第五篇

歸納總結篇

圖 5-1 人才資本戰略總體架構圖示

三、 人資管理的戰略原則	→	一、建立根本觀念 ・得人才者，得天下也 ・人才，是公司最寶貴、最重要的資產價值	←	二、 人資長的戰略角色

四、做好：人才戰略工作13項

① 吸才戰略（吸引人才）	② 招才戰略（招募人才）	③ 用才戰略（運用人才）	④ 晉才戰略（晉升人才）	⑤ 培才戰略（培訓人才）	⑥ 獎才戰略（獎勵人才）	⑦ 留才戰略（留住人才）	⑧ 授才戰略（授權人才）	⑨ 長才戰略（成長人才）	⑩ 貢才戰略（人才貢獻）	⑪ 考才戰略（考核人才）	⑫ 歷才戰略（歷練人才）	⑬ 多才戰略（多樣人才）

五、發揮人才戰略功能7招

1. 職場與工作環境不斷改善及優化	2. 優良企業文化、組織文化的形塑	3. 員工健康、安全、友善的促進	4. 每位員工不斷成長、進步、潛能最大發揮	5. 個人能力與組織能力並進、團隊合作	6. 人事戰略與經營戰略的密切配合及連結性	7. 人事制度不斷改革、變革

六、人才戰略的最終好成果

1. 不斷創造公司、集團最高新價值
2. 保持公司營收及獲利的不斷成長，邁向永續經營
3. 不斷深化公司核心能力（core competence）與競爭優勢（competitive advantage）
4. 累積公司更大競爭實力
5. 保持產業領先地位與市場領導品牌
6. 開拓未來十年中長期事業版圖的不斷擴張及延伸，壯大事業永續經營
7. 實踐公司、集團最終企業願景

總結 2　國內外大企業卓越成功領導人對「人才」的看法與觀點

圖5-2 11 位國內外大企業卓越成功領導人對「人才」的看法與觀點（計 80 則）

1	看人，第一看品格，品格比能力更重要。	2	找接班人訂出3條件： (1) 品格、品德最重要 (2) 要有責任心 (3) 要有工作熱情、肯做事，認真投入工作
3	隨時要學習新知，不學習，就是退步的表現，久了，也會被淘汰。	4	對員工的信任與授權，會讓彼此關係更緊密、更和諧、員工會更努力。
5	人才3部曲：人材、人才、人財，最後一個「人財」，是指可為公司帶價值的好人才。	6	成功者找方法，我這輩子都沒想過困難是什麼，遇困境時，要想辦法找出活路。
7	人才，要經常接受訓練、歷練、磨練、及挑戰，最終就會變成優秀人才的。	8	人才與人才之間，組織與組織之間，必須合作無間，才能創造群體及公司的最大價值出來。
9	人才要多培養國際觀、全球觀，才能擴大視野、擴大眼光，看得更高、更遠。	10	知識＋經驗並重，是最佳的；好人才不能只有知識，更要累積經驗。
11	「全球化」，就是人才當地化，要重視各國當地優良人才，加入全球化營運。	12	好人才的5心： (1) 責任心 (2) 上進心 (3) 企圖心 (4) 挑戰心 (5) 成長心
13	對創新人才的訓練： (1) 在工作中訓練 (2) 在挫折中教育 (3) 在競爭中思考	14	做人資的4項重要工作： (1) 如何選才 (2) 如何育才 (3) 如何用才 (4) 如何留才

15	人才學習的方法： (1) 工作中學習，學習後工作 (2) 要向競爭對手學習 (3) 要自我紀律性、習慣性學習	16	評選旗下子公司高階主管人選3條件： (1) 要有好品德 (2) 要有幹勁 (3) 要有學習意願
17	好人才遇到困難，會想辦法突圍，會堅持到底，最後就會成功。	18	·學習才會贏。 ·要不斷從學習中，求不斷進步及成長。
19	要舉起企業高遠願景，讓組織及所有人才，都共同追求終極願景夢想。	20	工作熱忱，比學歷更重要。好人才要有： (1) 強大工作熱忱 (2) 衝勁 (3) 創新觀念與作法
21	·我每天都讀書30分鐘。 ·每天閱讀各種國內外財經與商業的報紙、雜誌、專刊、電視、網路等新知。	22	人才與組織要盡量保持變形蟲般的彈性、靈活及敏捷，不斷展開變革及創新。
23	員工及企業都要不斷自我挑戰、追求突破、看準趨勢、堅持到底、永往向前行，絕不走回頭路。	24	企業經營成敗關鍵，在於「經營團隊」。 （Business Team）
25	公司最高領航者要知道船要開往那個方向與目標，領航者一定要有遠見、前瞻及洞燭機先。	26	我的用人哲學就是： (1) 尊重專業 (2) 接納不同意見 (3) 信任員工 (4) 充份授權
27	組織用人才，要看人的優點，並儘量把人放在對的位置上，讓他發揮所長。	28	我總是將公司的成功，歸功於全體員工。
29	員工肯學習，就會有向上晉升的機會。	30	因為信任員工，所以授權員工，員工受到感召，對於工作上要求，自然會全力以赴。
31	建立相互包容的企業文化，才能引進各方多樣化的優秀人才。	32	我很重視各階層人才培育，我對教育訓練的預算無上限。
33	人才培育是企業保持成長的最基本功。	34	用真誠的心，守護員工健康。

35	每個員工都要挑戰自我，每年加30%的自我成長目標。	**36**	人才的3個層次：做事 管理 經營；經營是最高層次的人才。
37	我每天都在尋找未來的經營人才與可以經營事業的優秀人才，經營型人才是最缺的。	**38**	員工績效第一，但有時也要兼顧績效非第一的一般大眾員工的福利。
39	組織應該營造快樂、開心、友善及振奮的氛圍，才可以提升工作士氣。	**40**	用人要信任，能力要檢查，錯誤要預防，做好這3點，事情也就不會出錯。
41	學習，是Anytime、Anywhere任何時間、任何地點均可自我學習。	**42**	優秀人才的學習，代表未來格局與成就高度的升級。
43	人才要隨時充電、隨時與時俱進，成為一個「學習型人才」。	**44**	經營者一定要讓員工擁有這家公司的感覺，才會全力以赴為公司打拼、為公司賺錢。
45	要用物質金錢來激勵與管理員工，形成共好，即：老闆賺錢，員工也賺錢，形成善的循環。	**46**	我始終愛惜我的夥伴員工，因為，這公司的天下，是全體員工打出來的。
47	若要多角化經營，資金與人才，都是很重要的。	**48**	我們非常強調對員工的教育訓練，要不斷提高全體員工的素質及水平。
49	管人很耗心力，有制度、有獎懲還不夠，領導人更要以身作則才行。	**50**	凡是人才，必須切記：離開學校，正是新學習的開始。
51	台積電公司的成功，最核心因素之一，就是有一大群高度「敬業的工程師」人才團隊。	**52**	・做為領導人的角色，就是要能：感測危機與良機。 ・預測未來能力是很重要的。
53	員工自我終身學習，必須： (1) 有目標 (2) 有計劃 (3) 有系統 (4) 有紀律	**54**	・員工與公司都要把「誠信」，放在第一個位置的天條。 ・因為沒有誠信的員工、主管及領導人，對公司都是危險的。
55	經理人才，應該培養出的終身習慣：觀察、學習、思考、嘗試。	**56**	員工考績4大功能： (1) 肯定員工貢獻 (2) 告訴屬下缺失 (3) 發掘潛力人才 (4) 激勵員工平時認真做事

57	我認為的人才培育方式： (1) 主管與下屬的相互切磋 (2) 下屬的自我、自律性學習 (3) 公司內訓 (4) 外部上課	58	所謂優良人才，要看幾項： (1) 他的學歷 (2) 他的資歷 (3) 他的能力 (4) 他過去考績 (5) 做事的態度及精神 (6) 是否有領導力
59	做領導人或經營型高階幹部，必須要有「高遠的使命感」及「前瞻的願景」。	60	人才的創新，是無所不在的；是不限部門、不限哪個員工的。
61	領導者要展現出：大公無私及無私無我的態度與堅守原則。	62	公司一定要打造出「全員參與經營」的組織文化及氛圍。
63	領導人就是要能激發出每位員工的工作幹勁及熱情。	64	公司應多舉辦各式各樣的運動會、員工旅遊、員工日、員工聚餐等活動，以強化公司、員工、幹部之間的共融度。
65	・落實以「實力主義」為基礎的人事評價考核制度。 ・大力改革舊的、不好的考核制度。	66	我所認為的領導力，不是侷限於高階的董事長及總經理而已，而是全體員工都要具備「領導力」才行。
67	公司考核2大基準： (1) 業績、績效 (2) 成長價值	68	人資部門應有8大工作事項： (1) 發掘人才 (2) 招募人才 (3) 訓練人才 (4) 考核人才 (5) 人事異動 (6) 組織與人力盤點 (7) 接班人計劃 (8) 精英人才管理
69	培訓不是強迫，而是獲選者至高榮譽。	70	經營企業，沒有「平時」，每天都是「戰時」，每天都要追求更好、更有競爭力。
71	・能「讓人成長」的公司，就叫好公司。 ・我們公司的離職率，一直維持在5%以下。	72	對全員民調的6項指標： (1) 信賴 (2) 尊重 (3) 公正 (4) 向心力 (5) 獎酬福利 (6) 自豪

73	我們公司成立「人才委員會」負責： (1) 人才培育訓練 (2) 人才異動及輪調 (3) 人才晉升 (4) 人才考核 (5) 人才獎酬	74	・人才，真的是企業最重要資產。 ・人才有不同看法及主張，才是最好的。 ・千萬不要長官一言堂。
75	要時刻傾聽員工的好意見、好心聲、好建議，使公司更大進步。	76	・成功就是不斷的學習。 ・成功的企業，必須要有優秀的人才團隊。
77	用人才，儘可能揚長避短，做到人盡其才。	78	要視員工為己出，投以溫情，實施溫情管理。
79	只有平庸的將，沒有無能的兵。	80	・優良組織中，絕不能有派系、不能有爭權奪利、不能搞鬥爭。 ・在員工心中，只有一個「公司派」。

總結
2

國內外大企業卓越成功領導人
對「人才」的看法與觀點

戴國良博士
大專教科書

工作職務	適合閱讀的書籍
行銷類 行銷企劃人員、品牌行銷人員、PM產品人員、數位行銷人員、通路行銷人員、整合行銷人員等職務	1FP6 行銷學　　　　　1FPL 品牌行銷與管理 1FI7 行銷企劃管理　　1FI3 整合行銷傳播 1FSM 廣告學　　　　　1FRS 數位行銷 1FPD 通路管理　　　　1FQC 定價管理 1FQB 產品管理　　　　1FS6 流通管理概論 1FP4 行銷管理實務個案分析
企劃類 策略企劃、經營企劃、總經理室人員	1FAH 企劃案撰寫實務 1FI6 策略管理實務個案分析
人資類 人資部、人事部人員	1FRL 人力資源管理
主管級 基層、中階、高階主管人員	1FPA 一看就懂管理學 1FP2 企業管理 1FPS 企業管理實務個案分析 1FI6 策略管理實務個案分析
會員經營類 會員經營部人員	1FRT 顧客關係管理

  五南文化事業機構
WU-NAN CULTURE ENTERPRISE

 f 🔍 五南財經異想世界 ✕

106臺北市和平東路二段339號4樓
TEL：(02)2705-5066轉824、889 林小姐

戴國良博士
圖解系列專書

工作職務	適合閱讀的書籍
行銷類 行銷企劃人員、品牌行銷人員、PM產品人員、數位行銷人員、通路行銷人員、整合行銷人員等職務	1FRH 圖解行銷學　　3M37 成功撰寫行銷企劃案 1F2H 超圖解行銷管理　1FSP 超圖解數位行銷 1FSH 超圖解行銷個案集　3M72 圖解品牌學 3M80 圖解產品學　　1FW6 圖解通路經營與管理 1FW5 圖解定價管理　　1FTG 圖解整合行銷傳播
企劃類 策略企劃、經營企劃、總經理室人員	1FRN 圖解策略管理 1FRZ 圖解企劃案撰寫 1FSG 超圖解企業管理成功實務個案集
人資類 人資部、人事部人員	1FRM 圖解人力資源管理
財務管理類 財務部人員	1FRP 圖解財務管理
廣告公司 廣告企劃人員	1FSQ 超圖解廣告學
主管級 基層、中階、高階主管人員	1FRK 圖解管理學 1FRQ 圖解領導學 1FRY 圖解企業管理（MBA學） 1FSG 超圖解企業管理個案集 1F2G 超圖解經營績效分析與管理
會員經營類 會員經營部人員	1FW1 圖解顧客關係管理 1FS9 圖解顧客滿意經營學

  五南文化事業機構
WU-NAN CULTURE ENTERPRISE

 f 🔍 五南財經異想世界 ✕

106臺北市和平東路二段339號4樓 TEL：(02)2705-5066轉824、889 林小姐

國家圖書館出版品預行編目（CIP）資料

超圖解人才戰略管理/戴國良著. -- 一版.
-- 臺北市 ： 五南圖書出版股份有限公司,
2024.12
面 ； 公分
ISBN 978-626-393-892-2(平裝)

1.CST: 人力資源管理

494.3　　　　　　　　　　113016432

1FAN
超圖解人才戰略管理

作　　者－戴國良

編輯主編－侯家嵐

責任編輯－侯家嵐

文字編輯－陳威儒

封面完稿－姚孝慈

內文排版－賴玉欣

出　版　者－五南圖書出版股份有限公司

發　行　人－楊榮川

總　經　理－楊士清

總　編　輯－楊秀麗

地　　　址：106臺北市大安區和平東路二段339號4樓

電　　　話：(02) 2705-5066　傳　　　真：(02) 2706-6100

網　　　址：https://www.wunan.com.tw

電子郵件：wunan@wunan.com.tw

劃撥帳號：01068953

戶　　　名：五南圖書出版股份有限公司

法律顧問：林勝安律師

出版日期：2024年12月初版一刷

定　　　價：新臺幣520元

經典永恆·名著常在

五十週年的獻禮 —— 經典名著文庫

五南，五十年了，半個世紀，人生旅程的一大半，走過來了。

思索著，邁向百年的未來歷程，能為知識界、文化學術界作些什麼？

在速食文化的生態下，有什麼值得讓人雋永品味的？

歷代經典·當今名著，經過時間的洗禮，千錘百鍊，流傳至今，光芒耀人；

不僅使我們能領悟前人的智慧，同時也增深加廣我們思考的深度與視野。

我們決心投入巨資，有計畫的系統梳選，成立「經典名著文庫」，

希望收入古今中外思想性的、充滿睿智與獨見的經典、名著。

這是一項理想性的、永續性的巨大出版工程。

不在意讀者的眾寡，只考慮它的學術價值，力求完整展現先哲思想的軌跡；

為知識界開啟一片智慧之窗，營造一座百花綻放的世界文明公園，

任君遨遊、取菁吸蜜、嘉惠學子！